Global Energy Interconnection
Development and Cooperation Organization
全球能源互联网发展合作组织

刚果河水电开发与外送研究

全球能源互联网发展合作组织

U0261503

中国电力出版社
CHINA ELECTRIC POWER PRESS

全球能源互联网发展合作组织

全球能源互联网发展合作组织（简称合作组织），是由致力于推动世界能源可持续发展的相关企业、组织、机构和个人等自愿组成的国际组织。注册地在北京。

合作组织的宗旨是推动构建全球能源互联网，以清洁和绿色方式满足全球电力需求，推动实现联合国"人人享有可持续能源"和应对气候变化目标，服务人类社会可持续发展。

合作组织积极推广全球能源互联网理念，组织制定全球能源互联网发展规划，建立技术标准体系，开展联合技术创新、重大问题研究和国际交流合作，推动工程项目实施，提供咨询服务，引领全球能源互联网发展。

展望未来，合作组织将通过构建全球能源互联网，增进南南合作、南北合作，将亚洲、非洲、南美洲等地区的资源优势转化为经济优势，解决缺电、消除贫困，缩小地区差异，让世界成为一个能源充足、天蓝地绿、亮亮堂堂、和平和谐的地球村！

刚果河广袤延绵、奔流不息，水能资源极为丰富，河口年平均流量约 4.1 万立方米 / 秒，水电技术可开发量约 1.5 亿千瓦，是大自然赋予非洲的巨大宝藏。刚果河干流下游金沙萨至入海口 400 多千米河段，落差集中，流量巨大，是世界上水能资源最富集的地区，适宜梯级开发超大型水电站。加快刚果河水电开发，满足刚果河流域国家及更大范围用电需要，将惠及整个非洲，可有效解决非洲缺电和电费高昂的问题，为非洲经济发展带来新机遇，为社会进步注入新动力。

全球能源互联网发展合作组织立足非洲可持续发展全局，提出构建非洲能源互联网，实现"电－矿－冶－工－贸"联动发展，为非洲经济社会协调可持续发展提供新方案。在此框架下，合作组织系统性开展了刚果河水电开发与外送研究，全面评估刚果河全流域水能资源和流域特性，重点研究刚果河干流下游水电梯级布置和电站开发方案，分析水电消纳市场及输电方案、工程投资及经济性、水电开发综合效益，并提出项目开发投融资机制和保障措施。

以刚果河水电开发为龙头，构建非洲能源互联网，实现"电－矿－冶－工－贸"联动发展，是非洲可持续发展的关键。加快刚果河水电开发，将有力促进非洲跨国跨区跨洲电网互联互通，保障非洲清洁、可靠、廉价的电力供应，推动非洲电气化、工业化、清洁化和一体化发展。开发刚果河水电是实现非洲清洁发展、经济腾飞的重要引擎，是造福全非洲的宏伟工程，将有力保障非盟"2063 年议程"发展目标的实现。

目 录

1 水电开发促进非洲可持续发展

21 世纪以来，非洲政治局势日趋稳定，营商环境持续向好，城镇化水平快速提高，经济发展进入快车道，正迎来以工业化、城镇化和区域一体化为特征的新发展阶段。实现非洲可持续发展，保障清洁、可靠、廉价的电力供应是关键。水电技术成熟，经济性好，运行调节灵活，加快开发非洲丰富的水电资源，将有力推动非洲经济社会协调可持续发展。

1.1 非洲可持续发展的机遇与挑战

1.1.1 非洲可持续发展机遇

内部发展潜力巨大

自然资源优势突出。 一是矿产资源丰富。非洲 14 种主要矿产资源储量巨大，其中金、铬、铂族、锰、钴、铝土矿和磷等储量居世界首位，分别约占世界的 40%、87%、89%、56%、50%、61% 和 62%。二是清洁能源开发潜力大。水能、风能和太阳能资源分别占全球的 11%、32% 和 40%，不但可以满足自身发展需要，还可将资源优势转化为经济优势，向欧洲等地区出口清洁电力。

人口红利不断释放。 一是人口增长较快。非洲人口增长率世界最高，预计 2050 年将达到 25 亿人。二是青年人口占比远超世界其他地区，将为非洲工业化提供有力支撑。三是劳动力素质不断提高。一些国家在吸引人才、普及义务教育和职业技能教育方面不断取得进步。四是内部市场容量大，内需成为拉动经济增长的重要来源。

营商环境持续改善。 一是开展制度革新，提高行政效率。二是积极建设国家级工业园区，扶持多元新兴产业，推出具有吸引力、竞争力的优惠措施。三是提高财政稳健性和货币政策纪律性。根据世界银行报告，2005—2017 年，全球营商环境改革进步最快的 50 个经济体中，约三分之一来自非洲。

工业化战略日益清晰。 一是区域层面，非盟主导的"2063 年议程"将工业化作为重要发展方向，通过促进技能培养和商业环境变革、释放青年创造力和能量，促进非洲工业化，实现经济多元化发展。二是国家层面，科特迪瓦、乌干达、埃及、肯尼亚、南非和津巴布韦等数十个非洲国家制订了发展战略和计划，依托资源禀赋延长产业链，提升产品附加值，走集约化发展道路。

区域一体化初具规模。一是区域内建立了共同发展的机制，并以能源电力为区域发展的重要抓手，发起了一系列相关的发展机制，如非洲基础设施规划、非洲能源行动计划、非洲可再生能源倡议等。二是市场一体化取得重要进展。2019 年 7 月 7 日，"非洲大陆自贸区"（African Continental Free Trade Area，AfCFTA）建设正式启动，除厄立特里亚外，非盟其余成员国都已签署自贸协定。据联合国非经委预计，取消非洲内部贸易关税将有力促进区域内贸易，未来三年将提高约 52%。

外部发展环境良好

面临全球产业转移重大机遇。当前是国际劳动力密集型产业转移的"窗口机遇期"，非洲国家借助后发优势，加快建立现代化工业体系，有望在短时间内完成从低收入农业国向新兴工业化经济体的转型。

贸易伙伴多元化，外部市场空间大。过去 20 年间非洲与世界其他地区的贸易额增长了四倍，主要贸易伙伴从欧美国家扩散到新兴市场经济体。

国际组织积极参与和支持非洲可持续发展。联合国、国际货币基金组织、二十国集团等国际组织正提高对非洲的支持力度，促进区域经济一体化，支持非洲基础设施发展、互联互通及工业化转型。

非洲可持续发展是"一带一路"倡议的重点领域。"一带一路"倡议为中非互利合作开辟了更为广阔的空间，中国提出了总额达 600 亿美元的"中非十大合作计划"，设立了总规模 200 亿美元的发展基金，积极支持非洲基础设施建设，提供节能减排和清洁能源发电设备物资，支持非洲绿色、低碳、可持续发展。

1.1.2 非洲可持续发展挑战

经济整体水平不高

2017 年，非洲国内生产总值（Gross Domestic Product，GDP）为 2.3 万亿美元，仅占全球总量的 3%。非洲人均 GDP 不足 2000 美元，仅为全球平均水平的五分之一。全球贫困人口中撒哈拉以南非洲占比超过一半，全球贫困发生率前十的国家均在非洲。

工业化进程缓慢，经济结构单一

多数国家尚未实现大规模工业化，严重依赖资源驱动型发展模式，多国的经济结构高度同质化。农业和采掘业在 GDP 中的比重始终高达 70% 以上，吸纳了超过 50% 以上的就业人口；制造业在 GDP 中的比重维持在 20% 左右，仅吸纳了 10% 左右的就业人口 [1]。

金融市场不健全，基础设施项目融资困难

非洲国家国内储蓄率较低、可用资金池规模小，银行、保险、证券、担保等金融体系不完善，融资渠道单一。目前，非洲基础设施投资主要依靠政府财政投入，但政府财政收入规模小、增长慢，难以满足基础设施建设的巨大资金需求。

能源电力发展严重滞后，缺电和用不起电问题突出

一是能源消费水平低，初级能源占比高。初级生物质能是当前非洲的第一大能源，现代能源普及率低，人均能源消费量为 0.96 吨标准煤，相当于全球平均水平的 35%。二是电力严重短缺。非洲整体电力普及率仅为 52%，无电人口总数约 6 亿人，占世界无电人口一半以上，年人均用电量约 520 千瓦时，不足世界平均水平的五分之一。工业部门的用电需求很难保障。三是用电成本高，限制了工业化和居民生活水平的提升。据统计，撒哈拉以南非洲国家终端电价平均高达 14 美分 / 千瓦时，是发展中国家平均电价的 2~3 倍 [2]。

---

[1] 数据来源：非洲开发银行。
[2] 数据来源：世界银行。

1.2
水电开发和能源互联网建设是实现可持续发展的重要途径

1.2.1 能源互联网建设促进非洲可持续发展

实现非洲经济社会协调可持续发展，关键是要开发和利用好非洲丰富、优质的清洁能源，加快实施电网互联互通，大力提升电气化水平，形成清洁、安全、可靠的能源供应格局。

保障能源供给是非洲可持续发展的重要前提

非盟"2063年议程"明确指出：要利用非洲所有的能源资源，通过建设区域电力池、国家电网和非洲基础设施发展计划能源项目，为所有非洲家庭、企业、工业和机构提供现代、高效、可靠、廉价、可再生和环保的能源。未来非洲人口数量和经济总量的快速增长，特别是工业化和城镇化发展都需要能源支撑。即使考虑到集约化发展、节能新技术等有利条件，到2050年，非洲能源需求较当前至少翻一番，保障非洲可持续发展的能源供给任务艰巨。

清洁能源是保障非洲能源供给的根本

非洲当前用能以初级生物质能为主，效率低、污染大，难以适应现代工业发展需求。非洲化石能源储量有限且分布不均，非洲石油探明储量仅占全球的7.7%，储采比仅为40.5，低于世界平均水平的53.3。超过一半的非洲国家几乎没有石油资源。非洲具有得天独厚的清洁能源资源优势，以清洁能源为主的能源格局符合非洲资源禀赋优势，仅开发部分优质清洁资源就能完全满足非洲需求。

电力是非洲清洁能源系统的核心

电能具有其他能源所不具有的特殊优势。90%以上的清洁能源都需要转化为电能才能使用。电能可以远距离、瞬时送至每个终端用户。电能可以较为方便地转换为其他形式的能源并实现精密控制。电气化促进工业化水平提升。非洲发展工业化，尤其是采矿、钢铁、化工、建材、有色金属等加工制造业，需要以电气化快速发展作为支撑。以发展氧化铝和电解铝产业为例，生产100万吨铝锭，至少新增加电力消费150亿千瓦时。城市的发展需要电气化的支持，城镇化将推动电气化铁路、电动汽车等交通领域，公共和民用领域，商业和物流等服务业领域用电快速增长。

非洲可持续发展需要加快能源电力互联互通

非洲清洁能源资源丰富、品种多样、开发潜力巨大，但是国家间分布不均衡，尤其一些内陆国能源相对匮乏，迫切需要以能源电力互联互通实现互济互补。能源电力互联互通可实现清洁资源的大规模开发和大范围配置，将资源优势转化为经济优势。

通过非洲能源互联网建设实现能源电力互联互通

通过加快能源电力生产、配置、消费的全面升级，建设洲内紧密联系、洲外高效互联、多能互补互济的非洲能源互联网，打造非洲清洁发展的重要载体。一是加快开发各主要流域大型水电，北部、南部和东部的风电、太阳能发电基地及各种分布式电源，从源头解决能源匮乏问题，减少初级生物质能的利用。二是加快构建各国骨干网架，推进跨国跨区跨洲联网，发挥非洲水风光资源多能互补优势，促进清洁能源大规模开发、大范围配置和高效率使用。三是以加快解决无电人口问题为重点，建设和升级能源电力基础设施，提高电气化水平和用能效率，降低能源电力成本，让人人享有可持续能源。

1.2.2 非洲水电开发的潜力和作用

非洲水能资源理论蕴藏量约为 4.4 万亿千瓦时 / 年，技术可开发装机容量约 3.4 亿千瓦，约占世界的 11%。目前非洲已建成水电装机容量约 3100 万千瓦，在建 1500 万千瓦，开发比例不足 15%，未来开发潜力巨大。非洲具备大规模开发条件的水电基地主要分布在中部非洲刚果河、东部非洲尼罗河、西部非洲尼日尔河和南部非洲赞比西河流域，如图 1.1 所示。此外，南

图 1.1　非洲四大河流示意图 ❶

---

❶ 本报告对任何领土主权、国际边界疆域划定及任何领土、城市或地区名称不持立场，后同。

部非洲宽扎河、中部非洲萨纳加河、西部非洲沃尔特河、东部非洲鲁菲吉河等流域也具备建设水电基地的潜力。

水电是清洁、绿色、可持续的电源,技术成熟、经济性好,且运行灵活、调节性能好。开发水电具有发挥资源优势、保障电力供应、改善流域管理、促进电网互联和多能互补等诸多作用,对促进经济、社会和环境协同发展十分重要。

水电开发促进经济发展。大力开发水电,可以为工业化、城镇化发展提供清洁、稳定、廉价的电力,为国家和区域的经济社会发展注入强大动力。开发建设大型水电和水利枢纽工程,除了发电的功用,也可满足提高防洪、灌溉和通航等流域综合管控能力的需要。同时,将水电开发所在地区的资源优势转化为经济优势,获得直接经济效益,还可出口剩余电力,获得宝贵的外汇收入。

水电开发促进电网互联。电网发展与水电开发密不可分。开发偏远的水电工程,长距离输电到负荷中心,促进了跨区跨国电网互联,推动了大电网的形成和发展。例如,三峡水电站的开发促进了中国跨区域电网互联,加速了全国互联电网的形成;位于巴西和巴拉圭边境的伊泰普水电站已成为南美电力一体化的典范;吉贝水电站的开发推动埃塞俄比亚与周边国家电网的互联。

水电开发促进多能互补、高效利用。协同开发水电和风电、太阳能发电,可充分发挥各自的跨时空互补特性,尤其是水电的年、季、日调节作用,对于提高清洁能源比重和利用效率十分重要。例如,中国的青海省目前电源装机 40% 为水电、47% 为风电和太阳能发电,依托大水电和大电网,成功实现了 15 天360 小时用电零排放。非洲通过充分开发利用水电,可实现跨国跨区跨洲的清洁能源协同开发。例如,刚果河水电可向北与北部非洲太阳能发电跨区互补调节;尼罗河水电可向北与北部非洲、向东与西亚太阳能发电跨区跨洲互补,向南与赞比西河水电形成跨流域季节性互济。

1.3 "电－矿－冶－工－贸" 联动发展助力非洲水电开发

非洲水电开发、矿业发展等大型基础设施项目通常面临诸多问题,即工业发展"缺电力"、电力开发"缺市场"、项目融资"缺信用"、投资回报"缺保障"等。这些问题相互交织、相互影响,已成为制约非洲可持续发展的重要瓶颈。

"电－矿－冶－工－贸"联动发展模式是基于地区优势资源禀赋,为非洲经济社会协调可持续发展提出的新方案,**发展思路是:**以非洲丰富优质的清洁能源和矿产资源为基础，加快大型清洁能源基地开发，推进跨国跨区跨洲联网，促进清洁能源资源大规模开发、大范围配置和高效利用，打造电力、采矿、冶金、工业、贸易协同发展的产业链，实现"投资－开发－生产－出口－再投资"良性循环，提升非洲经济发展规模、质量和效益，推动非洲走上可持续发展新道路。

以电为中心，推进清洁电能开发和电网互联互通。 加快开发大型水电、太阳能发电、风电基地，依托特高压输电技术，加强各国电网建设和跨国跨区跨洲互联，打造覆盖全非洲的"电力高速公路"，实现清洁能源大范围优化配置，保障电力安全、经济、清洁、永续供应。

立足资源优势，推动矿产资源大规模开发利用。 充分利用稳定充足的清洁电能，减少高污染、高排放、高价格的燃煤、燃油、燃气发电，打造以铝矾土、铁矿石、铜矿等为重点的矿产开采基地，扩大开采规模，为非洲工业发展提供大量优质的原材料。

提升矿产价值，构建具有比较优势的现代冶金工业。 大力发展电解铝、电炉钢、电解铜等冶金工业，形成集约采选、集中冶炼、深度加工的生产模式，扩大矿冶企业的产能规模，促进冶金工业向深加工、高附加值方向转变，改变非洲依赖原矿出口的局面。

加快建设现代工业园区，打造支柱产业和特色优势产业。 以矿产、冶金等龙头产业为引领，建设能源电力充足、基础设施完备的工业园区，形成采矿、冶炼、深加工一体化发展的特色优势产业，培育钢铁、建材、机械装备等支柱产业，形成可持续发展的现代工业。

以贸促工、以工拓贸，推动原材料贸易向制成品贸易转变，提升国际贸易规模，促进非洲经济腾飞。 扩大矿产品和工业制成品出口，拓展对外贸易新领域，培育贸易新业态、新模式，融入全球价值链，提高出口创汇能力。扩大电力贸易规模，将清洁能源资源优势转化为经济优势。

以刚果河大英加水电工程为例。1885 年，科考人员发现刚果河英加河段水能开发潜力巨大。20 世纪 20 年代，当地政府希望通过开发英加水电，为采矿业和铁路运输业供电，并于 1955 年组织开展了水电规划，首次提出建设大英加水电工程。1982 年，英加 2 期水电站建成，为刚果民主共和国［简称刚果（金）］东南部加丹加省矿区供电，后续水电开发停滞不前，主要受困于消纳市场、资金来源等问题。

"电－矿－冶－工－贸"联动发展模式，可有效破解刚果河水电开发困局。推动刚果河下游水电基地、矿产和冶金产业、工业园区、国际贸易统一规划、统筹开发，改变过去发电、输电、用电环节各自为战的局面；以项目良好预期收益为基础，促成发电、输电、用电三方签订长期合约，形成利益共同体；依托项目内生价值、企业资本金和信用，向银团、财团、社会资本等进行市场融资，为项目提供资金保障，有效化解政府担保压力，从而解决刚果河流域国家项目融资难、启动难的问题。

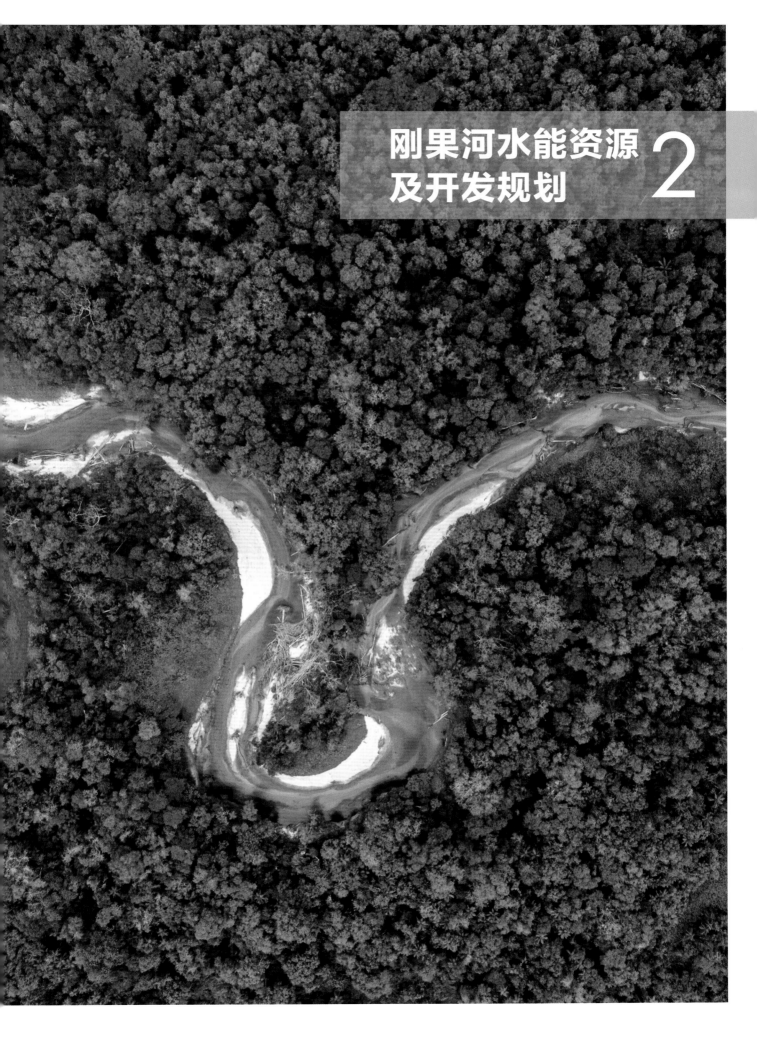

刚果河水能资源
及开发规划 2

2.1
刚果河概况

2.1.1 地理位置

刚果河全长 4640 千米，流域面积约 370 万平方千米，其中 60% 在刚果（金）境内，其余分布在刚果共和国 [简称刚果（布）]、喀麦隆、中非共和国（简称中非）、卢旺达、布隆迪、坦桑尼亚、赞比亚和安哥拉等国。刚果河流域包括了刚果（金）几乎全部的领土，刚果（布）和中非大部分、赞比亚东部、安哥拉北部及喀麦隆和坦桑尼亚的一部分领土。

刚果河干流自流域东南部高原，穿越刚果盆地，转向 120° 从西南部流入大西洋，沿途汊河纵多，两岸支流密布，在中部非洲广阔的土地上构成了一个扇形河网。刚果河流域地势示意如图 2.1 所示。刚果（金）以盆地和高原为主。刚果盆地位于该国西北部，绝大部分为热带雨林所覆盖。刚果盆地的四周为高原。东南部为高原和山地，平均海拔 1000~1500 米，部分地区达到 5000 米以上；南部高原地势平坦，最高点在沙巴高原上；西南部在刚果河的北岸，有一片窄长的土地，是刚果（金）唯一的沿海地区。总体来看，刚果（金）全境地势西面低，北、东、南三面高，整体从东南向西北倾斜。

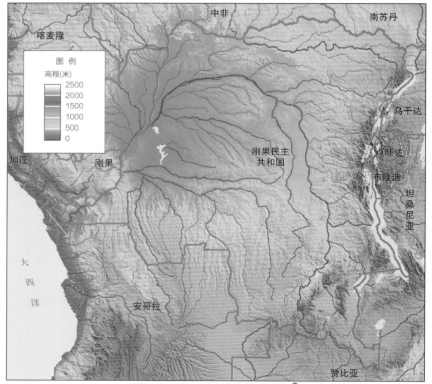

图 2.1　刚果河流域地势示意图 ●

● 数据来源：UNEP/DEWA/GRID-Europe 2009。

2.1.2 气候降水

刚果河干流两次穿越赤道，分布在赤道南北两侧，全年雨、旱季两季交替，北部为旱季时，南部为雨季，反之亦然。流域气候多样，北部属热带雨林气候，太阳辐射年际变化小，全年高温多雨，年降水量 1500~2000 毫米；特别是刚果河中游的刚果盆地，是全流域降水的高值区，年均降水量 1800~2000 毫米；流域南部属热带草原气候，终年高温，年平均气温 27 摄氏度，年降雨量约1000 毫米。刚果盆地炎热潮湿，人烟稀少。东部地势较高，气候宜人，年平均温度 19 摄氏度。金沙萨年平均温度 25 摄氏度，6 月至 9 月为旱季，多云无雨，气候凉爽；10 月至次年 5 月为雨季，多阵雨，气温较高。

流域内降水分布总体趋势为从北向南、从西向东递减，降水高值区位于刚果盆地腹地，降水低值区位于刚果（金）加丹加省东南部卢布迪附近。刚果（金）降水等值线示意如图 2.2 所示。

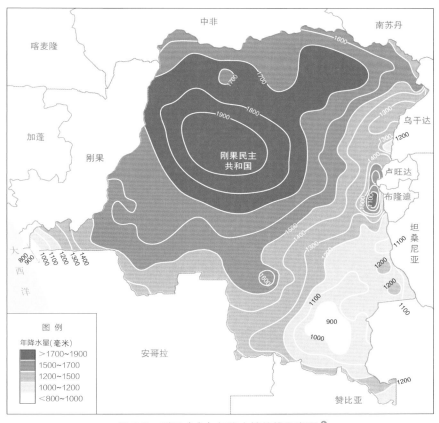

图 2.2　刚果（金）年降水等值线示意图 ❶

---

❶ 数据来源：UNCS、CGIAR-CSI。

2.1.3 流域水系

刚果河是非洲和世界著名的大河，起源于谦比西河（Chambeshi），自基桑加尼（Kisangani）后称为刚果河，在金沙萨以南为一系列峡谷、急滩和瀑布，于博马（Boma）附近汇入大西洋。刚果河河口年平均流量约 4.1 万立方米 / 秒，年径流量 1.28 万亿立方米，其流域面积和流量均居非洲首位。

刚果河的河源谦比西河至基桑加尼为其上游，长约 2200 千米，自南向北流经高度不等的高原和陡坡地带，水流湍急。谦比西河流出班韦乌卢湖（Bangweulu）沼泽地带后，称卢阿普拉河（Luapula），为赞比亚与刚果（金）的界河；再向北流出姆韦鲁湖（Mweru）至安科罗的河段称卢武阿河（Luvua），在安科罗附近与卢阿拉巴河（Lualaba）汇合。从源流谦比西河算起，卢武阿河全长 1512 千米，总流域面积 25 万平方千米。

从基桑加尼至金沙萨（Kinshasa）为刚果河中游，长约 2000 千米，流经地势低平的刚果盆地中部，支流众多，河网密布，河道纵坡平缓，水量丰富，水流平稳，河面变宽。基桑加尼处河宽 800 米，往下河面展宽至 4~10 千米，水深在 10 米左右。因中游流速缓慢，形成许多辫状河道，河中有沙洲和岛屿，沿岸多沼泽和湖泊，有众多支流汇入。

金沙萨以下为刚果河下游，穿越 100 千米的峡谷地带，形成了一系列瀑布，组成了世界著名的利文斯敦瀑布群。从马塔迪（Matadi）往下，河道扩展，河宽水深，水流分叉，河口处宽达数千米。刚果河河口没有三角洲，只有较深的溺谷，河槽向大西洋底延伸达 150 千米，在河口以外数十千米范围内，形成广大的淡水洋面。

刚果河支流密布，沿途接纳众多支流，右岸支流有：卢库加河（Lukuga）、卢阿马河（Luama）、埃利拉河（Elila）、乌林迪河（Ulindi）、洛瓦河（Lowa）、林迪河（Lindi）、阿鲁维米河（Aruwimi）、伊廷比里河（Itimbiri）、蒙加拉河（Mongala）、乌班吉河（Ubangi）、桑加河（Sangha）等；左岸支流有：卢阿拉巴河（Lualaba）、洛马米河（Lomami）、卢隆加河（Lulonga）、鲁基河（Ruki）、开赛河（Kasai）、因基西河（Inkisi）等。刚果河水系示意如图 2.3 所示，主要水系结构见表 2.1。

刚果河流域有许多大湖泊，如坦噶尼喀湖（Tanganyika）、基伍湖（Kivu）、班韦乌卢湖、姆韦鲁湖、马伊恩东贝湖（Mai-Ndombe）、通巴湖（Tumba）等。

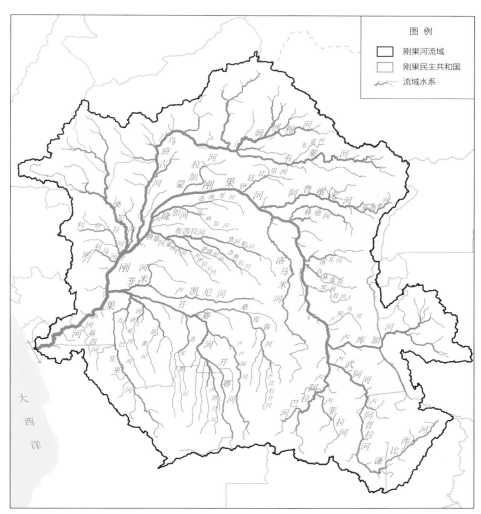

图 2.3　刚果河水系示意图

表 2.1　刚果河主要水系结构

河段	干流	右岸主要支流	左岸主要支流	主要湖泊
上游	河源—基桑加尼	卢库加河、卢阿马河、埃利拉河、乌林迪河、洛瓦河	卢阿拉巴河	坦噶尼喀湖、基伍湖、班韦乌卢湖、姆韦鲁湖
中游	基桑加尼—金沙萨	林迪河、阿鲁维米河、伊廷比里河、蒙加拉河、乌班吉河、桑加河、利夸拉河、阿利马河	洛马米河、卢隆加河、鲁基河、开赛河	马伊恩东贝湖、通巴湖
下游	金沙萨—入海口	—	因基西河	—

2.1.4 生态环境

刚果河流域是仅次于南美洲亚马孙河流域之后的世界第二大热带雨林地区，享有地球的"第二个肺叶"之美誉。刚果河雨林茂密，动植物丰富，是地球上最大的物种基因库之一。雨林盛产各种名贵木材，阔叶乔木终年常青。哺乳动物包括大象、黑猩猩和大猩猩（濒危灭绝的动物之一）、长颈鹿、狮子和猎豹等，还有 1000 多种鸟类、200 多种爬行动物。

刚果河流域内分布有大量的自然保护区和国家公园，在工程开发的过程中，应尽可能避免影响现有保护区。流域主要国家都设立了环境保护管理部门，同时颁布了《森林法》《环境保护法》等相关法律。刚果河流域主要环境保护区示意如图 2.4 所示。

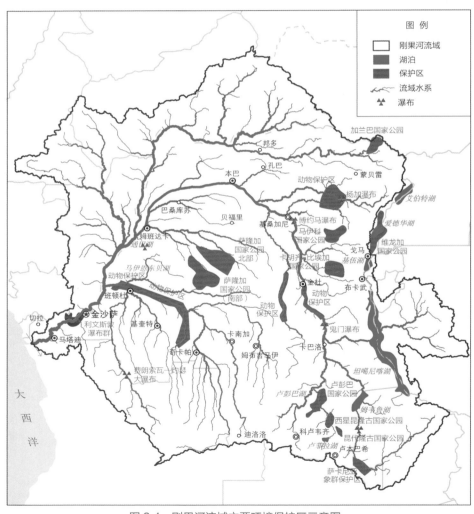

图 2.4　刚果河流域主要环境保护区示意图

2.2
河流特性及
水能资源分布

2.2.1 河流特性

刚果河流域面积约 370 万平方千米，主河道长 4640 千米。刚果河右岸支流集水面积之和约 184 万平方千米，左岸支流集水面积之和约 168 万平方千米，干流区间流域面积约 17 万平方千米。刚果河左右岸流域面积对比如图 2.5 所示；刚果河左右岸流域面积增长如图 2.6 所示。

刚果河常年流量大且较稳定，具有典型的赤道多雨区河流的水文特征。河口处年内最小月（8月）平均流量约为 3.1 万立方米/秒，最大月（12月）平均流量约为 5.6 万立方米/秒，年均流量约为 4.1 万立方米/秒。刚果河是世界大河中流量变化最小的河流之一。20 世纪初以来，连续观测获得的最小流量约为 2.2 万立方米/秒，特大洪水流量约为 8.1 万立方米/秒，在金沙萨水文站所观测到的最大洪峰流量与最小流量之比约为 3.6：1。由于赤道南北流域范围大小不同，以及支流水量多少和洪水期有异，刚果河的水量一年之中仍有涨落，而且在流域的上、中、下游的情况有所不同。上游流量最大的时期是 9—10 月，中下游一年有两次洪峰：第一次在 5 月，由右岸支流洪水形成；第二次在 12 月，由左岸支流洪水形成。刚果河干流分段特性见表 2.2，刚果河干流主河道纵剖面示意如图 2.7 所示。

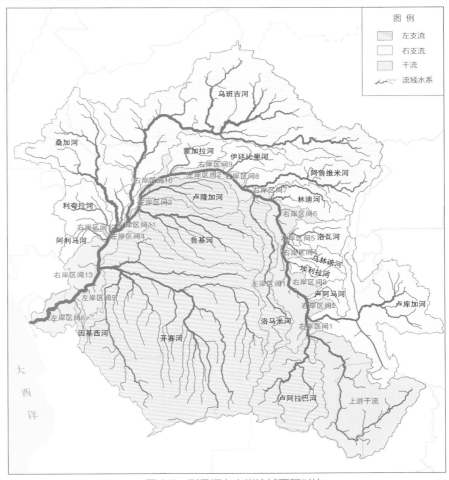

图 2.5　刚果河左右岸流域面积对比

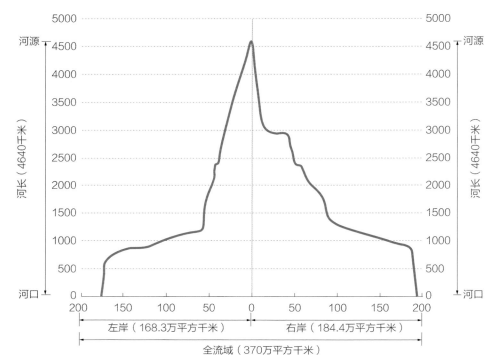

图 2.6　刚果河左右岸流域面积增长

表 2.2　刚果河干流分段特性

河段序号	河段位置	集水面积（万平方千米）	距河口距离（千米）	断面高程（米）	河段落差（米）	区间河段比降 (%)
1	河源	0	4640.0	1228	0	—
2	卢阿拉巴河汇口	42.7	3082.0	557	671	0.043
3	基桑加尼	102	2074.8	383	174	0.017
4	乌班吉河汇口	234	1025.4	294	89	0.008
5	桑加河汇口	263	896.6	287	7	0.005
6	开赛河汇口	359	653.7	279	8	0.003
7	金沙萨	361	522.0	266	13	0.010
8	英加上游	366	200.0	145	121	0.038
9	英加下游	366	170.0	45	100	0.333
10	马塔迪	367	120.0	10	35	0.070
11	河口	370	0.0	1	9	0.008

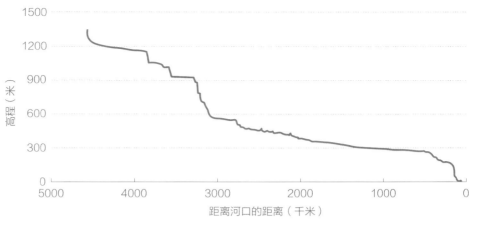

图 2.7 刚果河干流主河道纵剖面示意图

2.2.2 理论蕴藏量及分布

流域水能理论蕴藏量

根据全球气象数据库（Global Weather Base）、全球径流数据中心（Global Runoff Data Centre-GRDC）、数字地形高程（Digital Elevation Model，DEM），以及刚果河已建、在建和规划电站的设计径流数据，合作组织采用全球清洁能源数字化研究平台，对刚果河流域河网进行建模，对干流及支流水能资源进行评估。

水能资源评估模型以高精度地形数据为基础，通过填洼、流向、流量分析生成数字化河网。数字化河网具有完整的河网拓扑结构，可提取河段的矢量图形；河段长度、落差、比降等纵剖沿程信息；河段干支流的集水面积。结合流域降水、河流径流等水文数据可计算每个河段的水能理论蕴藏量。水能资源评估模型如图 2.8 所示。

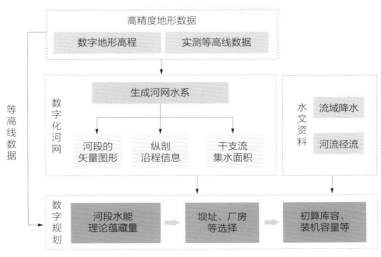

图 2.8 水能资源评估模型

刚果河上游位于安哥拉和赞比亚高原向刚果盆地的过渡区，分布有大量的瀑布、急滩，蕴藏着丰富的水能资源；中游段流经地势低平的刚果盆地中部平原区，支流众多，河网密布，河道纵坡平缓，水量丰富，水流平稳，河面变宽，虽然中游段流量较大，但河流落差较小，不利于水能资源的开发利用；下游段自金沙萨向西南到大西洋入海口，河流落差非常集中，形成一系列瀑布群，同时由于刚果河两次穿过赤道，流域南北部地区雨、旱季相反，刚果河下游流量十分稳定，多年平均汛枯比为 1.8 : 1，因此下游河段是刚果河水能资源开发条件最好的河段。

由于刚果河流域面积大，支流水系众多，数据资料有限，本次以集水面积为边界，分析计算所有集水面积大于或等于 8000 平方千米的干支流的水能资源理论蕴藏量。经评估计算，刚果河水能资源理论蕴藏量约为 2.38 万亿千瓦时 / 年（见表 2.3），其中 57% 集中在刚果河干流，22% 在左岸支流，21% 在右岸支流。其中，刚果河干流金沙萨至马塔迪河段水能资源集中，理论蕴藏量超过 9380 亿千瓦时 / 年。刚果河流域干支流水能资源分布示意如图 2.9 所示。

表 2.3　刚果河干支流水能理论蕴藏量统计

刚果河干支流	干流	左岸支流	右岸支流	合计
理论蕴藏量（亿千瓦时 / 年）	13654（金沙萨—马塔迪段为 9381）	5125	5069	23848

图 2.9　刚果河流域干支流水能资源分布示意图

刚果河左岸主要支流有卢阿拉巴河、洛马米河、卢隆加河、鲁基河、开赛河、因基西河等，总理论蕴藏量为 5125 亿千瓦时 / 年。其中理论蕴藏量超过 500 亿千瓦时 / 年的支流共有 2 条，按流域位置自上而下依次为卢阿拉巴河和开赛河，理论蕴藏量合计 4402 亿千瓦时 / 年，占左岸支流理论蕴藏量的 86%。左岸主要支流情况如下：

刚果河上游左岸支流，发源于科卢韦齐高原，河道长 917 千米，流域集水面积 17.1 万平方千米，于安科罗与卢武阿河相汇。卢阿拉巴河口平均流量约 1656 立方米 / 秒，流域河段落差 836 米，平均坡降 0.09%，水能资源理论蕴藏量 596 亿千瓦时 / 年。卢菲拉河（Lufira）为卢阿拉巴河主要支流，发源于卢菲拉湖，主河道长 590 千米，流域集水面积 6.3 万平方千米，注入基萨莱湖（Kisale）后汇入卢阿拉巴河。卢菲拉河口平均流量约 502 立方米 / 秒，流域河段落差约 748 米，平均坡降 0.13%，水能资源理论蕴藏量 157 亿千瓦时 / 年。卢菲拉河主河道纵剖面示意如图 2.10 所示。

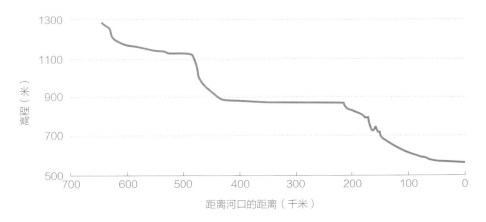

图 2.10　卢菲拉河主河道纵剖面示意图

洛马米河

刚果河左岸支流，发源于加丹加高原，河长约 1798 千米，流域面积 11.7 万平方千米，在基桑加尼以西约 110 千米处的伊桑吉镇汇入刚果河。洛马米河支流较少，全程不能通航，河流中段有一个大型动物保护区。河口多年平均流量约 1252 立方米／秒，流域河段落差约 755 米，平均坡降 0.04%，水能资源理论蕴藏量 274 亿千瓦时／年。洛马米河主河道纵剖面示意如图 2.11 所示。

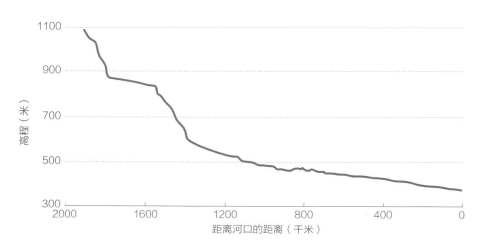

图 2.11　洛马米河主河道纵剖面示意图

开赛河

刚果河左岸最大支流，发源于安哥拉的隆达高原。自河源向东北流，然后向北流 [其中卢奥与卡米通比间为安哥拉与刚果（金）的界河]，再向西北流，于夸穆特附近注入刚果河干流。河流全长 2152 千米，流域面积 90 万平方千米，多年平均流量 8010 立方米／秒，河段落差 1030 米，平均坡降 0.05%，水能资源理论蕴藏量 3806 亿千瓦时／年。主要支流（二级支流）右岸有卢卢阿河（Lulua）、桑库鲁河（Sankuru）和菲米 – 卢凯尼河（Fimi-Lukenie），左岸有宽果河（Kwango）等。其中桑库鲁河发源于刚果（金）南部沙巴区卡米纳市西南 150 千米处，源河为卢比拉什河（Lubilash），河流先向北流，然后转向西流，在马伦贝附近汇入开赛河，河流全长 1280 千米，流域面积 15 万平方千米，多年平均流量 1608 立方米／秒，平均坡降 0.05%，水能资源理论蕴藏量 527 亿千瓦时／年。开赛河上游主河道纵剖面示意如图 2.12 所示。

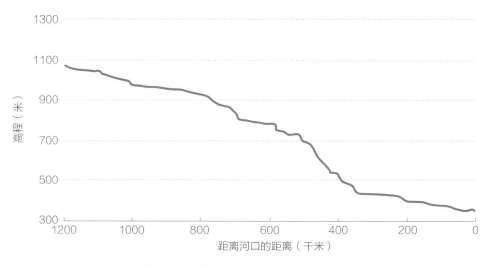

图 2.12　开赛河上游主河道纵剖面示意图

宽果河是开赛河最大支流，位于开赛河左岸，发源于安哥拉比耶省与南隆达省交界之处，中游为安哥拉与刚果（金）的界河，在波波卡巴卡进入刚果（金），最后在班顿社附近注入开赛河，河流全长 1702 千米，流域面积 18 万平方千米，多年平均流量 1688 立方米 / 秒，河段落差 952 米，平均坡降 0.06%，水能资源理论蕴藏量 715 亿千瓦时 / 年。宽果河主河道纵剖面示意如图 2.13 所示。

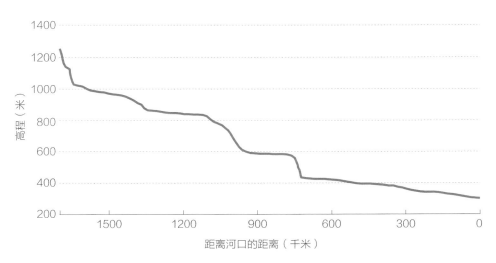

图 2.13　开赛河支流宽果河主河道纵剖面示意图

刚果河左岸主要支流水能资源理论蕴藏量估算见表2.4。

表2.4　刚果河左岸主要支流水能资源理论蕴藏量估算

河流名称		集水面积（万平方千米）	河口流量（立方米/秒）	河段落差（米）	理论蕴藏量（亿千瓦时/年）	平均功率（万千瓦）
卢阿拉巴河		17	1656	836	596	681
洛马米河		12	1252	755	274	312
卢隆加河		8	1351	166	100	114
鲁基河		19	3276	211	298	340
开赛河	干流	90	8010	1030	1852	2114
	菲米-卢凯尼河	9	1607	201	91	104
	桑库鲁河	15	1608	609	527	601
	卢卢阿河	7	798	670	330	376
	卢恩贝河	2	288	485	108	124
	洛安盖河	4	451	662	183	210
	宽果河	18	1688	952	715	816
因基西河		1	150	816	51	58
合计					5125	5850

右岸支流水能理论蕴藏量

刚果河右岸支流主要有卢库加河、卢阿马河、埃利拉河、乌林迪河、洛瓦河、林迪河、阿鲁维米河、伊廷比里河、蒙加拉河、乌班吉河、桑加河等，总理论蕴藏量为5069亿千瓦时/年。其中理论蕴藏量超过400亿千瓦时/年的支流共有4条，按流域位置自上而下依次为卢库加河、阿鲁维米河、乌班吉河和桑加河，理论蕴藏量合计3624亿千瓦时/年，占右岸支流理论蕴藏量的71%。右岸主要支流情况如下：

卢库加河

刚果河上游右岸最大支流，其上中游河段位于坦桑尼亚，下游河段位于刚果（金）境内，干流河长940千米，流域面积26.9万平方千米。下游河段源自坦噶尼喀湖［坦噶尼喀湖为刚果河流域最大湖泊，位于刚果（金）、坦桑尼亚、赞比亚和布隆迪边界处，面积3.4万平方千米］，下游全长350千米，于孔戈洛市上游约30千米处汇入刚果河干流。河口平均流量约1595立方米/秒，流域河段落差约571米，平均坡降0.06%，水能资源理论蕴藏量1077亿千瓦时/

年。坦噶尼喀湖上游段集中分布有瀑布跌水，水能资源利于集中开发。卢库加河主河道纵剖面示意如图 2.14 所示。

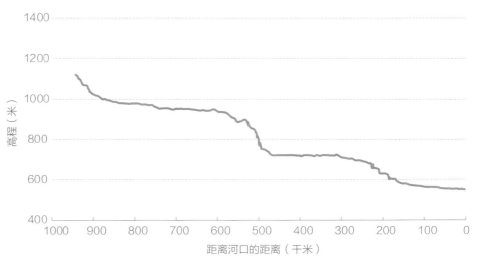

图 2.14　卢库加河主河道纵剖面示意图

阿鲁维米河

刚果河右岸支流，在刚果（金）境内，河长 1196 千米，流域面积 12.0 万平方千米。上游河段称伊图里河（Ituri），发源于艾伯特湖以西的蓝山；下游河段于巴索利镇汇入刚果河干流，位于基桑加尼市下游约 200 千米。河口平均流量约 1391 立方米 / 秒，流域河段落差约 823 米，平均比降 0.07%，水能资源理论蕴藏量 490 亿千瓦时 / 年。阿鲁维米河主河道纵剖面示意如图 2.15 所示。

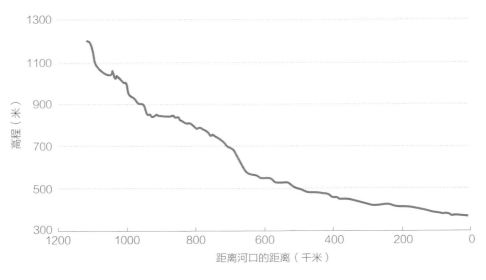

图 2.15　阿鲁维米河主河道纵剖面示意图

乌班吉河

刚果河右岸最大支流，是刚果（金）与中非、刚果（布）的边界河流，由姆博穆河（Mbomou）与韦莱河（Uele）汇流而成，于金沙萨上游约 500 千米汇入刚果河干流。其中姆博穆河全长 845 千米，流域面积 17 万平方千米。若从韦莱河源算起，乌班吉河全长 2299 千米，流域面积 65.4 万平方千米，多年平均流量 5605 立方米 / 秒，径流量 1768 亿立方米，河段落差约 894 米，平均比降 0.04%，水能资源理论蕴藏量 1548 亿千瓦时 / 年。每年 12 月至次年 3 月为枯水期，5 月至 10 月为丰水期。乌班吉河下游沿河两岸常年洪水泛滥，面积达数千平方千米。河口至班吉河段可通航，河段水能资源开发要兼顾防洪、发电和航运等综合利用任务。乌班吉河主河道纵剖面示意如图 2.16 所示。

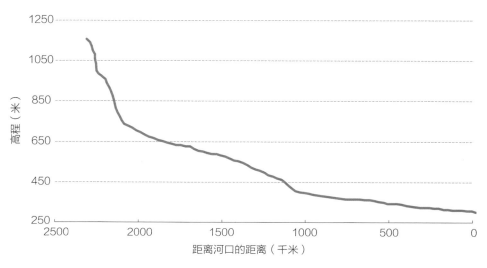

图 2.16　乌班吉河主河道纵剖面示意图

桑加河

刚果河的右岸第二大支流，主要位于刚果（布）境内。桑加河由曼贝雷河（Manbere）与卡代河（Kadei）汇流而成，从卡代河源计起全长约 1395 千米，流域面积 21.3 万平方千米，流经中非和刚果（布），部分河段为刚果（布）与喀麦隆的界河，于莫萨卡附近注入刚果河干流，河口距离金沙萨上游约 400 千米。桑加河径流最小月份为 3 月，平均流量 700 立方米 / 秒；径流最大月份为 10—11 月，平均径流 4250 立方米 / 秒。桑加河下游平缓，河道分叉，水能资源主要集中在中上游河段。河口多年平均流量 2235 立方米 / 秒，年径流量 705 亿立方米，河段落差约 579 米，平均比降 0.04%，水能资源理论蕴藏量 509 亿千瓦时 / 年。

刚果河右岸主要支流水能资源理论蕴藏量估算见表 2.5。

表 2.5　刚果河右岸主要支流水能资源理论蕴藏量估算

河流名称	集水面积（万平方千米）	河口流量（立方米/秒）	河段落差（米）	理论蕴藏量（亿千瓦时/年）	平均功率（万千瓦）
卢库加河	27	1595	571	1077	1229
卢阿马河	3	221	859	33	37
埃利拉河	3	625	1679	304	348
乌林迪河	3	702	2343	361	413
洛瓦河	5	770	1799	380	433
林迪河	4	439	1474	161	185
阿鲁维米河	12	1391	823	490	559
伊廷比里河	5	531	248	27	30
蒙加拉河	5	524	141	24	27
乌班吉河	65	5605	894	1548	1767
桑加河	21	2235	579	509	581
利夸拉河	8	935	140	77	88
阿利马河	3	586	177	78	89
合计				5069	5786

2.3 干支流水电开发规划

刚果河流域国家对干流及支流水电已进行了相关规划，2012 年，刚果（金）、刚果（布）、喀麦隆和中非联合组成了刚果流域委员会（International Commission of Congo-Ubangi-Sangha Basin，CICOS），完成了《刚果河水电站选点规划》。近年来，中国电力相关企业在刚果河流域也开展了系列水电勘察设计和工程建设。

在上述研究成果的基础上，合作组织开展了流域河流地形、水文特性和电站规划等研究工作。刚果河水电总技术可开发量约 1.5 亿千瓦，其中刚果河干流下游和上游、左岸支流卢阿拉巴河和开赛河，以及右岸支流乌班吉河和桑加河为开发重点。刚果河水电技术可开发量及分布见表 2.6。

表 2.6　刚果河水电技术可开发量及分布

流域名称		规划装机容量（万千瓦）
干流	刚果河干流下游	11000
	刚果河干流上游	756
左岸主要支流	卢阿拉巴河	139
	开赛河	827
右岸主要支流	乌班吉河	633
	桑加河	278
其他中小水电		1200
合计		14833

目前，刚果河已开发水电站 80 余座，总装机容量 285.7 万千瓦，仅占技术可开发量的 2% 左右。已开发水电站主要集中在刚果（金）境内，占比达 94%。

2.3.1　干流水电

干流上游河段

根据河道地形特点，干流上游可分为三段：源头赞比亚境内河段，河道比降和流量均相对较小，开发条件相对较差；自赞比亚边境至刚果（金）城市基安比（Kiambi），该河段流经低山丘陵区，为水电开发相对有利的河段；自基安比至基桑加尼瀑布群河段，河道相对开阔，两岸城镇和农田分布相对较多，具有一定的开发规模，但水库淹没影响相对较大。因此，干流上游河段的中段为重点开发河段，下段为潜在开发河段。

干流赞比亚边境至基安比河段，天然落差约 380 米，河段平均流量 1000 立方米 / 秒，根据河道比降特点、地形条件及具体的河段沿河村落分布特点，初步规划 6 个梯级水电站，利用落差 328 米，总规划装机容量 386 万千瓦。赞比亚边境至基安比河段梯级水电站纵剖面示意如图 2.17 所示。

干流金杜至基桑加尼河段，天然落差 65 米，平均比降 0.015%。该河段主要有基桑加尼、乌本杜和金杜三个大中型城镇及瓦尼鲁库拉等村庄，乌林迪河汇口至金杜，沿岸分布若干村庄。根据河段特性，初步规划 3 个梯级水电站，利用博约马瀑布落差约 44 米，坝式开发，总规划装机容量 370 万千瓦。金杜至基桑加尼河段梯级水电站纵剖面示意如图 2.18 所示。

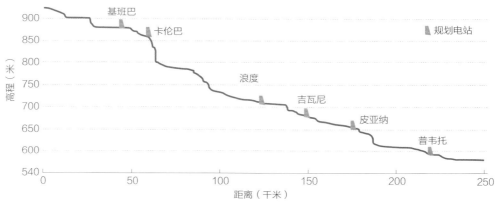

图 2.17　赞比亚边境至基安比河段梯级水电站纵剖面示意图 [1]

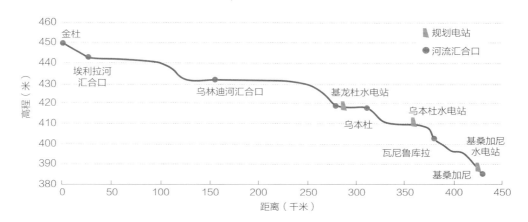

图 2.18　金杜至基桑加尼河段梯级水电站纵剖面示意图

干流中游河段

刚果河中游河段河道较开阔，坡降平缓，两岸城镇、村庄及农田高度较低，水电开发淹没较大，整体开发条件较差，且中游河段两岸分布了若干自然保护区，现阶段未规划大型梯级水电站。

干流下游河段

金沙萨至入海口为刚果河干流下游河段，长度超过 400 千米，天然落差约 280 米，入海口平均流量约 4.1 万立方米 / 秒。刚果河下游金沙萨至马塔迪河段长约 360 千米，水位落差约 250 米，河宽收缩，形成了瀑布群，水能理论蕴藏量超过 9380 亿千瓦时 / 年，开发潜力巨大。马塔迪以下至入海口河段平缓，河宽水深，沿岸有博马和索约两个大型城市，河道兼具航运需求，不具备水电开发条件。

---

❶ 数据来源：中国电力建设集团有限公司，《刚果（金）南部矿区电力规划成套解决方案》。

利文斯顿瀑布群长度约 25 千米，形成"L"形河湾，上下游落差约 100 米，河道局部比降超过 0.4%。英加镇位于利文斯顿瀑布群的河湾处，利用邦迪古河道地形，截弯引水开发大英加水电站。现阶段刚果河下游河段初步规划 3 级开发，总装机容量约 1.1 亿千瓦，年均发电量约 6900 亿千瓦时。

刚果河干流规划装机容量见表 2.7。

表 2.7　刚果河干流规划装机容量

流域	电站名称	电站位置	装机容量（万千瓦）	发电量（亿千瓦时）	利用小时数（小时）	建设情况
干流上游	基班巴（Kibamba）	上加丹加省	53	21.5	4057	规划
	卡伦巴（Kalumba）	上加丹加省	78	31.4	4026	规划
	浪度（Nondo）	上加丹加省	108	43.6	4037	规划
	吉瓦尼（Kilwani）	上加丹加省	32	13.1	4094	规划
	皮亚纳（Piana Mwanga）	坦噶尼喀省	80	32.3	4038	规划
	普韦托（Pweto）	坦噶尼喀省	35	14	4000	规划
	基龙杜（Chirundu）	东方省	92	46.9	5100	规划
	乌本杜（Ubundu）	东方省	86	44.0	5100	规划
	基桑加尼（Kisangani）	东方省	192	97.7	5100	规划
干流下游	皮奥卡（Pioka）	下刚果省	3500	2212	6320	规划
	大英加（Grand Inga）	下刚果省	6000	3722	6200	一、二期投产
	马塔迪（Matadi）	下刚果省	1500	916	6110	规划
合计			11756	7194.5	—	—

2.3.2　支流水电

卢阿拉巴河水电

卢阿拉巴河干流长 917 千米，主河道落差 836 米，河口平均流量 1656 立方米 / 秒，水量丰富，落差集中，水能资源较丰富，距离矿区近，交通条件较好，接入电网系统较便利，具备良好的水电开发条件。

结合前期研究成果，对卢阿拉巴河及其支流进行初步选点规划，电站开发主要利用瀑布或急流落差发电。卢阿拉巴河干流初步规划 5 级开发，装机容量 79.7

万千瓦；支流卢菲拉河初步规划 7 级开发，装机容量 50.6 万千瓦；支流卢布迪河（Lubidi）初步规划 2 级开发，装机容量 9 万千瓦。卢阿拉巴河流域规划总装机容量 139.3 万千瓦。

截至 2019 年年底，卢阿拉巴河流域内已建水电站 4 座，其中干流 2 座分别为恩济罗水电站（装机容量 10.8 万千瓦）和恩赛克水电站（装机容量 26 万千瓦），支流 2 座分别为马丁古沙水电站（装机容量 6.9 万千瓦）和科尼水电站（装机容量 3.9 万千瓦）。另外，布桑加水电站（装机容量 24 万千瓦）已于 2017 年开工建设；松博维水电站（装机容量 16.8 万千瓦）正在开展前期工作。卢阿拉巴河流域梯级规划装机容量见表 2.8。卢阿拉巴河、卢菲拉河及卢布迪河规划电站梯级纵剖面示意分别如图 2.19~ 图 2.21 所示。

表 2.8　卢阿拉巴河流域梯级规划装机容量

流域	电站名称	电站位置	装机容量（万千瓦）	发电量（亿千瓦时）	利用小时数（小时）	建设情况
干流	恩济罗（Nzilo）	卢阿拉巴省	10.8	6.4	5926	已建
	恩济罗Ⅱ期（Nzilo 2）	卢阿拉巴省	12	7.2	6000	规划
	恩赛克（Nseke）	卢阿拉巴省	26	15.5	5962	已建
	布桑加（Busanga）	卢阿拉巴省	24	13.2	5500	在建
	卡能格维（Kalenge）	卢阿拉巴省	6.9	4.2	6087	规划
支流卢菲拉河	马丁古沙（Mwadingusha）	卢阿拉巴省	6.9	3.8	5507	已建
	科尼（Koli）	卢阿拉巴省	3.9	2.2	5641	已建
	基乌博（Kiubo）	上加丹加省	4.5	2.5	5511	规划
	松博维（Sombwe）	上加丹加省	16.8	9.7	5750	可研
	卡兹巴（Kaziba）	上加丹加省	12.5	7.5	6000	规划
	乌朋巴（Upemba）	上加丹加省	3	1.8	6000	规划
	迪佩塔（Dipeta）	上加丹加省	3	1.8	6000	规划
支流卢布迪河	卡基恩奇（Kakienga）	上加丹加省	2	1.2	6000	规划
	奇米比 - 夫卡（Kimimbi-Fuka）	上洛马米省	7	4.2	6000	规划
卢阿拉巴河流域			139.3	81.2	5825	—

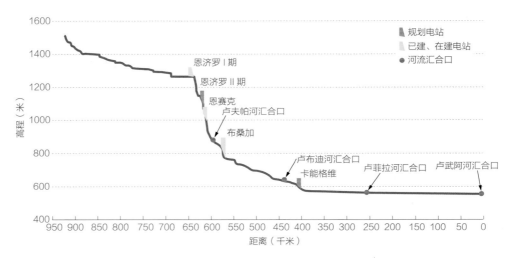

图 2.19　卢阿拉巴河规划电站梯级纵剖面示意图

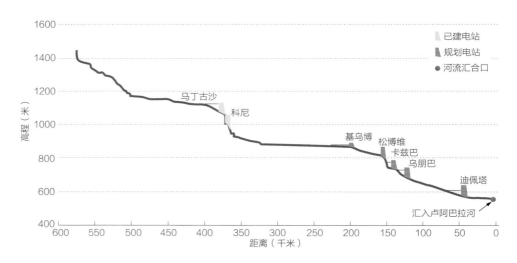

图 2.20　卢菲拉河规划电站梯级纵剖面示意图

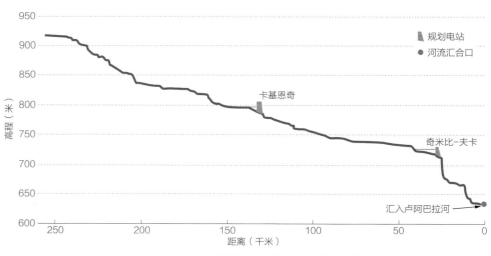

图 2.21　卢布迪河规划电站梯级纵剖面示意图

开赛河水电

根据开赛河水能资源分布特点和地形条件，初选开赛河上游和支流宽果河中下游为重点规划河段。

开赛河上游河段天然落差 246 米，河长约 500 千米，该河段河道平均比降约 0.05%，总体适合堤坝式开发。根据具体的河段特点，初步规划 4 个梯级水电站，总利用落差 215 米，总规划装机容量 300 万千瓦。

宽果河中下游河段天然落差约 220 米，河长约 700 千米，该河段河道平均比降约 0.03%，总体适合堤坝式开发，局部跌水河段适合引水式开发。根据具体的河道比降特点及地形条件，初步规划 5 个梯级水电站，总利用落差 180 米，总规划装机容量 227 万千瓦。

开赛河左岸支流众多，桑库鲁河、卢恩贝河（Luembe）、卢卢阿河等支流均处于山区向刚果盆地过渡地带，具有开发中小型水电站的条件，初步估算可开发装机容量约 300 万千瓦。后续需要针对具体河段，综合研究布置梯级方案。开赛河规划装机容量见表 2.9。开赛河上游干流和宽果河规划电站梯级纵剖面示意如图 2.22 和图 2.23 所示。

表 2.9　开赛河规划装机容量 ❶

流域	电站名称	电站位置	装机容量（万千瓦）	发电量（亿千瓦时）	利用小时数（小时）	建设情况
开赛河上游干流	开赛 1 级	开赛省	42	18.9	4500	规划
	开赛 2 级	开赛省	11	5.0	4500	规划
	开赛 3 级	开赛省	77	34.7	4506	规划
	开赛 4 级	开赛省	170	76.5	4500	规划
支流 – 宽果河	宽果 1 级	宽果省	23	10.4	4522	规划
	宽果 2 级	宽果省	47	21.2	4511	规划
	宽果 3 级	宽果省	64	28.8	4500	规划
	宽果 4 级	宽果省	48	21.6	4500	规划
	宽果 5 级	宽果省	45	20.3	4511	规划
其他支流	梯级电站	—	300	135.0	4500	预规划
	开赛河流域		827	372.4	4503	—

❶ 数据来源：中国电力建设集团有限公司，《"一带一路"水电开发现状与发展潜力分析研究》。

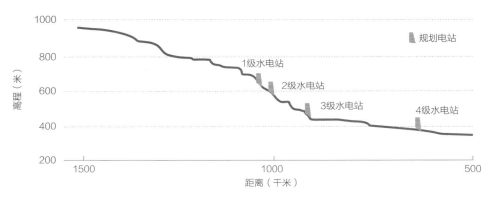

图 2.22　开赛河上游干流规划电站梯级纵剖面示意图

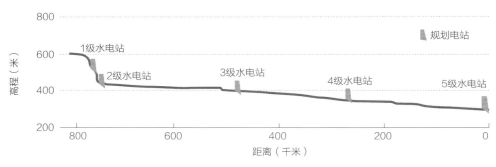

图 2.23　宽果河规划电站梯级纵剖面示意图

乌班吉河水电

乌班吉河发源于蒙博托湖北部高原，河流源头段始称基巴利河，在栋古河汇入后称韦莱河，在亚科马镇支流姆博穆河汇入后称乌班吉河。乌班吉河（以韦莱河上源起计）全长约 2300 千米。乌班吉河在班吉等地有急流，流入刚果盆地后，河道开阔分叉，周边区覆盖着浓密的赤道雨林。乌班吉河在每年 4—6 月，刚果河河水上涨迫使乌班吉河倒流，在此期间 600 吨的驳船可通航到班吉。恩佐罗河汇口处至栋古河段右岸分布有加兰巴国家公园自然保护区，栋古下游段分布有恩基里自然保护区。

乌班吉河水能理论发电量为 1548 亿千瓦时 / 年，其中水能富集河段为韦莱河下游、乌班吉河中下游河段，其理论蕴藏量占总蕴藏量的近 70%。考虑乌班吉河干流班吉到汇口河段河谷宽阔，地形向下游发散，且在汛期受刚果河顶托影响，江水存在倒流情况，开发条件较差，故本次乌班吉河规划研究范围为韦莱河干流栋古到亚科马河段，以及乌班吉河干流亚科马到班吉河段。

结合河段地形地质条件、淹没影响及水能资源利用等情况，韦莱河—乌班吉河干流采用 1 库 15 级开发，总装机容量为 633 万千瓦。其中韦莱河 2 级电站为年调节水库电站，对下游梯级有较大径流补偿作用。乌班吉河规划装机容量见表 2.10。乌班吉河上游（韦莱河）和中游规划电站梯级纵剖面示意如图 2.24 和图 2.25 所示。

表 2.10 乌班吉河规划装机容量

流域	电站名称	电站位置	装机容量（万千瓦）	发电量（亿千瓦时）	利用小时数（小时）	建设情况
乌班吉河上游（韦莱河）	韦莱河 1 级	东方省	11	5	4364	规划
	韦莱河 2 级	东方省	29	11	3952	规划
	韦莱河 3 级	东方省	12	6	4758	规划
	韦莱河 4 级	东方省	11	5	4733	规划
	韦莱河 5 级	东方省	28	13	4664	规划
	韦莱河 6 级	东方省	22	10	4623	规划
	韦莱河 7 级	东方省	65	29	4498	规划
	韦莱河 8 级	东方省	47	22	4591	规划
	韦莱河 9 级	东方省	25	11	4564	规划
	韦莱河 10 级	东方省	10	5	4660	规划
	韦莱河 11 级	东方省	93	43	4630	规划
	韦莱河 12 级	东方省	42	19	4571	规划
乌班吉河中游干流	乌班吉 1 级	刚果（金）/中非界河	72	32	4511	规划
	乌班吉 2 级	刚果（金）/中非界河	37	17	4519	规划
	乌班吉 3 级	刚果（金）/中非界河	129	58	4518	规划
乌班吉河流域			633	286	4518	—

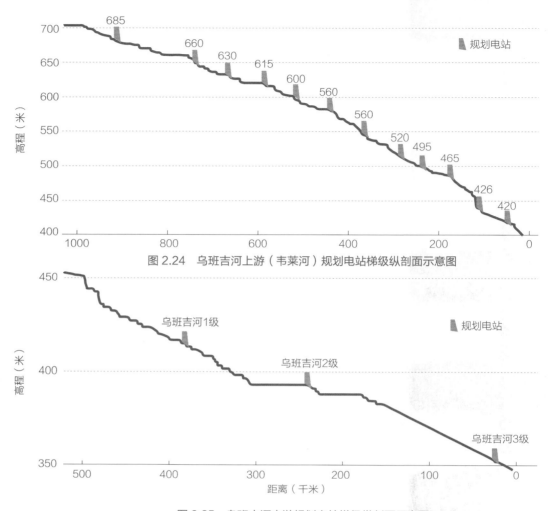

图 2.24　乌班吉河上游（韦莱河）规划电站梯级纵剖面示意图

图 2.25　乌班吉河中游规划电站梯级纵剖面示意图

桑加河水电

桑加河由卡代河和曼贝雷河汇流而成，从卡代河源计起全长约 1400 千米，天然落差约 580 米，平均比降 0.04%。中上游河段开发条件较好，规划水电装机容量约 278 万千瓦，主要位于上游干支流，主要有肖莱电站（装机容量 60 万千瓦）、恩基胡特电站（装机容量 35 万千瓦）和迪莫利电站（装机容量 20 万千瓦）等。

其他支流水电

刚果河流域刚果（金）境内洛马米河、鲁基河、伊廷比里河等部分河段，刚果（布）境内阿利马河、利夸拉河中上游等河段具有开发中小型水电站的条件，初步研究其他中小水电站总装机容量超过 1200 万千瓦。

3.1
综合开发任务

河流水能资源开发通常需要考虑城镇供水、防洪、发电、灌溉、航运、生态环境保护、水产养殖、旅游等综合利用要求。

结合刚果河下游河段自然条件、资源特点、建设条件、经济社会发展、环境保护要求等，确定河段开发任务以发电为主，需要统筹梯级设置和电站开发布局，充分利用水能资源，适时建设航运枢纽，保护生态环境，促进地区经济社会发展。

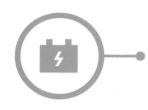

3.1.1 发电

刚果河下游是世界上水能资源最为富集的地区之一，水量充沛，落差集中，交通便利，与出海口和中心城镇距离较近，开发条件优越，经济效益突出。刚果（金）、刚果（布）和安哥拉的核心城市如金沙萨、布拉柴维尔、马塔迪、博马、索约、莫安达、卡宾达、黑角等均位于刚果河下游 200 千米经济圈范围内，有利于促进下游水电基地的开发和电能消纳。

非洲经济和人口增速较快，能源及电力消费的潜力巨大，刚果河下游水电将是非洲未来能源电力新增供应的重要来源和支柱。刚果河下游水电资源的开发及在整个非洲范围内优化配置，能够将资源优势转化为经济优势，造福非洲人民。

3.1.2 航运

从刚果河下游的马塔迪顺流而下至大西洋，是刚果（金）唯一直接出海通道。目前，刚果（金）海运航线基本上可通达世界各地，但没有直达远洋班轮，远洋海运货物进出一般都要经刚果（布）的黑角港或其他邻国的港口进行中转。内河运输是刚果（金）内地省份主要的交通方式，主要航道为刚果河中游干支流，沿岸居民出行也主要依靠内河水上交通。刚果（金）内河总长约 2.3 万千米，其中有 16238 千米的通航河道，有 2785 千米航道可通行 800~1000 吨位船只。其中金沙萨至基桑加尼 1734 千米河段（中游）是最主要的航道，年货运量 49 万吨左右。

下游梯级水电工程具备建设航运枢纽的基本条件，能够结合发展需求打通刚果河出海航道。通过水库渠化、船闸建设和河道整治，将极大改善通航条件，穿越利文斯顿瀑布群，实现金沙萨至马塔迪河段的万吨级通航能力。相较于陆路运输，航运具有较大的经济优势。从中远期看，适时打通出海航道，对于流域多国的矿产资源和工农业产品进出口贸易都具有积极促进作用。

3.1.3 经济发展

水电开发具有投资强度大、投资效益好、产业带动强的优势。水电项目的投资建设能够扩大内需，拉动区域经济快速发展，并将实现多重经济效益：

- 将资源优势转为经济优势，优化当地经济结构，促进区域经济协调发展

- 对当地财政、税收作出积极贡献，并且增加电力出口创汇

- 改善当地的基础设施条件，加快建材、建筑等产业发展，促进工农业发展

- 带动区域居民整体生活水平的提高和脱贫致富

刚果河下游水电工程为资金密集型项目，开发建设涉及领域广、投资大、建设周期长，将有力带动国家和地方的经济发展，社会效益显著。

3.2
关键开发因素

3.2.1 河段特性

下游河段瀑布和跌水集中，水能富集，利于开发。在金沙萨附近刚果河分叉形成马莱博湖（Malebo），金沙萨和布拉柴维尔位于马莱博湖西南侧，隔河相望。刚果河出马莱博湖后，进入平原峡谷河段，从首都金沙萨到博马 400 千米河段内，连续出现的约 30 个瀑布或急流，总落差约 280 米。主要瀑布包括布伊图姆西马瀑布、利文斯顿瀑布、耶拉拉瀑布等。利文斯顿瀑布群如图 3.1 所示。

图 3.1　利文斯顿瀑布群

河道收缩，利于减小大坝长度。刚果河干流中游河道分叉，河面宽度扩展，最长断面宽度超过 10 千米。刚果河干流金沙萨以下处于平原峡谷地带，很多河段宽度在 1 千米以内，河道下切较深，部分河段深度超过 24 米。流经博马后，坡降较缓，河道渐宽，被岛屿所堵塞，形成纵多汉河，有些地方深度不超过 7.6 米。下游金沙萨至博马区间河道宽度相对较窄，地质条件稳定，均具有较好的筑坝条件，有利于优化大坝工程量。刚果河下游河道示意如图 3.2 所示。

图 3.2　刚果河下游河道示意图

沿线分布重要城市，交通便利。刚果河下游是刚果（金）和刚果（布）首都及中心城市的聚集区域。干流河道从上往下，沿岸依次分布有金沙萨、布拉柴维尔、马塔迪、博马等重要城市。金沙萨和布拉柴维尔分别为刚果（金）和刚果（布）首都，人口分别为 1200 万和 180 万。马塔迪和博马是刚果（金）国内大型港口城市。河段沿线建成有公路和铁路交通干道，电站建设所需的建筑材料，以及大型机电设备，能够较为方便地运输至工程场地，利于施工建设。

径流年内差异较小，利于充分利用水能。刚果河下游地区年内径流具有 1 个洪水期（11 月—次年 1 月）和 2 个枯水期（3 月和 7—9 月）。该地区属于赤道向南半球气候过渡带，年均降雨为 1300 毫米，河流流量受气候因素的影响较小，更多受刚果河上游较大支流相对于赤道特殊位置的影响。最小月均流量和年平均流量的比例约为 0.7，最大月均流量和年平均流量的比例约为 1.5，年内丰枯差异较小。电站年内弃水相对较少，采用较小的调节库容，能够达到较高的水能利用效率。金沙萨水文站径流年内分布示意如图 3.3 所示。

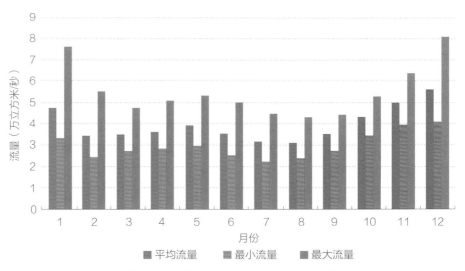

图 3.3　金沙萨水文站径流年内分布示意图

3.2.2 水库淹没

城镇淹没影响。刚果河下游河段沿岸分布有金沙萨和马塔迪两座大型城市，水电开发应该避免对大型城市的淹没。

刚果（金）和刚果（布）界河皮奥卡河段下游卢奥济为小型城镇，初步测算城镇面积约 15 平方千米，集中建设有约 5000 座房屋，城镇居民达到上万人。卢奥济城镇高程约 175 米，受大英加水库方案影响，可能涉及淹没问题，是重要敏感对象。

宗戈 II 水电站的淹没影响。宗戈 II 水电站位于金沙萨下游约 75 千米的宗戈镇，由支流因基西河引水至刚果河发电，以满足首都金沙萨工业和居民生活用电要求。电站装机容量 15 万千瓦，年发电量约 8.6 亿千瓦时，2017 年 9 月首台机组投运。电站厂房尾水高程约 216 米，梯级开发可能淹没其厂房。

3.2.3 生态流量

大英加水电站采用截弯引水开发，拦河大坝后将形成约 30 千米的减水河段（径流量受工程影响减少的河段），需要下泄生态流量，维持河道生态需求。生态流量论证需要开展环境影响评估。根据减水河段的生态环境特点、物种分布和景观需求等情况，筛选生态保护对象，确定保护目标；结合水文情势和工程枢纽布置，确定电站生态流量泄放要求和泄放方式。基于工程枢纽布置情况，可考虑采用闸门和生态机组相结合的方式下泄生态流量。

英加河段平均流量约 4.1 万立方米 / 秒，按照多年平均流量的 10% 考虑，生态电站下泄约 4000 立方米 / 秒，作为目前减水河段的生态流量。此外，英加 1 期和 2 期水电站下泄约 3400 立方米 / 秒，减水河段总共下泄流量 7400 立方米 / 秒。工程勘察设计阶段，河段生态流量有待进一步研究。大英加水电站及河段生态流量示意如图 3.4 所示。

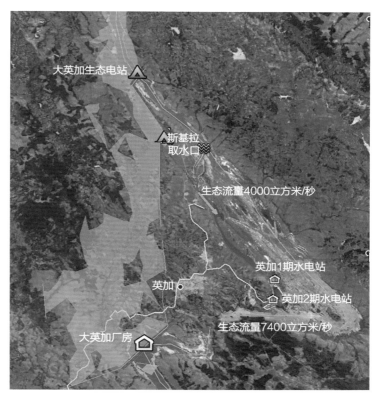

图 3.4　大英加水电站及河段生态流量示意图

3.2.4 界河开发

刚果河金沙萨至皮奥卡河段为刚果（金）和刚果（布）界河，马塔迪至入海口为刚果（金）和安哥拉界河。下游水电基地开发主要涉及刚果（金）和刚果（布）两国。

界河水能资源为两国共有，界河水电开发需要遵循"资源共享、平等互利、风险共担"的基本原则。刚果河下游水电规模巨大，如何协调两国开发权益，合理高效推进工程开发，也是需要重点研究的问题。

3.3
梯级布置方案

3.3.1 河段划分

根据刚果河下游主要地形地质条件、环境保护要求、水资源分布特点、交通条件及耕地、人口分布等情况，研究开发方式和梯级布置方案，应遵循以下原则并重点考虑以下因素：与国家和区域的发展规划相适应；协调处理好水电开发与生态环境保护的关系；高度重视工程占地、水库淹没和移民搬迁安置，从人居环境、社会安定、对耕地资源的保护及有利于水电梯级开发实施出发，应尽量避免对沿河人居环境较好、耕地较富集河段的淹没影响。规划河段内临河有部分居民和耕地较集中的片区，要尽量以这些片区为控制进行电站布置，使水电开发与流域社会稳定、可持续发展相适应；水电开发与国家及区域能源和电力发展相适应，合理规划梯级规模。

结合河段综合开发条件和关键影响因素，宜以皮奥卡至英加河段开发为中心，协调上下游梯级方案，考虑将刚果河下游分为三个河段开展研究，分别为金沙萨至皮奥卡河段、皮奥卡至英加河段、英加至马塔迪河段，三级统筹协调开发容量。刚果河下游河段纵剖面示意如图 3.5 所示。

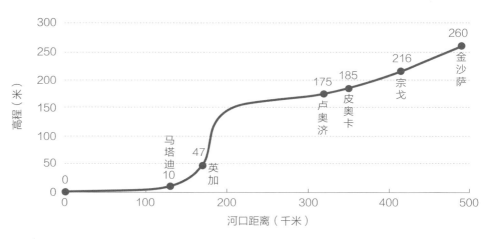

图 3.5 刚果河下游河段纵剖面示意图

3.3.2 皮奥卡至英加河段

刚果河干流皮奥卡至英加河段全长约 180 千米，河段落差约 140 米，河段平均比降（河段落差与长度之比）为 0.078%。

开发方案
考虑的
主要因素

◆ 利用河谷两岸地形，尽可能提高电站正常蓄水位

◆ 协调好英加 1 期和 2 期水电站后续的引水发电问题

◆ 综合评估对卢奥济镇的淹没移民影响

◆ 保障减脱水河段动植物的生态需水量

◆ 梯级布置利于分期开发

刚果河下游河道为平原峡谷地形，水库淹没面积相对有限。卢奥济镇位于皮奥卡河段下游 10 千米，是大英加水电开发水库淹没较为敏感的控制对象。大英加水电站工程利用利文斯顿瀑布群河湾地形，截弯取直引水发电。在英加 1 期和 2 期水电站取水口上游修建拦河坝，雍高水位，利用邦迪河谷（Bundi Valley）引水至英加镇下游厂房发电，引水河道距离约 14 千米，利用河湾瀑布群落差约 100 米。

水库正常蓄水位。大英加水电站利用邦迪河谷截弯引水发电，水头由两部分组成，一是截弯引水获取的英加河湾瀑布群落差，二是拦河大坝雍水成库抬高的水头。相对于巨大的坝址入库径流，水头变化对大英加水电站装机规模的影响较大。根据初步研究，大英加水电站正常蓄水位（Full Supply Level，简称 FSL）考虑两种方案分别为 205 米（高坝方案）和 175 米（低坝方案）。

根据坝址地形资料，受英加河段两岸山体地形控制，大英加水电站最高的筑坝雍水高程约 205 米。正常蓄水位 205 米方案利用水头约 158 米，大英加水电站水能利用最大化，规模效益较强，同时水库库容较大，能够提高电站的调节能力和运行灵活性。

高坝方案水库淹没面积较大（见图 3.6），库区淹没卢奥济面积 50% 以上，涉及人口上万人，移民补偿较大。同时，库区淹没至皮奥卡上游 45 千米，涉及刚果（金）与刚果（布）。皮奥卡界河断面水位高程约 185 米，以上水库部分位于界河段，电站开发的所属权则由刚果（金）变成两国联合开发，较为复杂。

卢奥济镇

图 3.6　大英加水电站正常蓄水位 205 米方案库区淹没范围

从大英加水电站开发考虑，高坝方案能够增加电站利用水头约 20%，增加水库库容，提高装机容量约 1000 万千瓦，使电站具备日／周调节能力，规模效益更为显著。低坝方案能够大幅降低水库淹没影响，避免界河开发权益纷争，加快电站开发进程。随着社会经济的不断发展，卢奥济镇规模越来越大，水库移民、生态环保、水权分配等问题会越来越突出，大英加水电站高坝方案的开发难度会逐步增加。

从刚果河下游梯级整体开发考虑，大英加水电站高坝方案预留金沙萨至皮奥卡河段落差约 40 米，该河段梯级属于低水头、大流量电站，电站规模相对较小，单位投资相对较高，市场竞争力下降；大英加水电站低坝方案预留相应河段落差约 70 米，河段利用水头相对较高，开发梯级属于中水头电站，电站规模较大，单位投资相对较低，具有较强的市场竞争力。

从电力消纳考虑，大英加水电站截弯引水发电，具有利于分期开发的地形条件；而皮奥卡为坝式电站，主体工程不适宜分期开发，机电设备可以分期投运。大英加水电站和皮奥卡水电站均为巨型水电工程，适当增加大英加水电站装机规模和减小皮奥卡水电站装机规模，有利于电力的有序开发和外送消纳。

大英加水电站开发规模巨大、枢纽布置特殊、国际影响突出、经济社会问题复杂。从梯级整体开发的角度，大英加水电站高坝方案（FSL 205 米）和低坝方案（FSL 175 米）均具有合理性和可行性，有待深入研究、全面分析和综合决策。大英加水电站不同正常蓄水位方案纵剖面示意如图 3.7 所示。

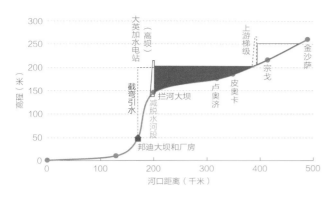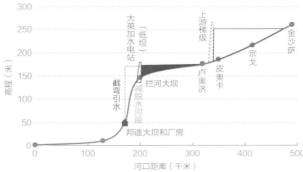

图 3.7　大英加水电站不同正常蓄水位方案纵剖面示意图

3.3.3　金沙萨至皮奥卡河段

刚果河干流金沙萨至皮奥卡河段为刚果（金）和刚果（布）的界河，全长约 140 千米，河段落差约 80 米，河段平均比降为 0.057%。

开发方案
考虑的
主要因素

◆　金沙萨最低水位约 250 米，作为水库淹没控制上限

◆　充分利用河段落差，衔接大英加水库水位

◆　河谷地形较窄，库区淹没范围不大，且无大型城镇

◆　梯级开发对宗戈 II 水电站的淹没影响。宗戈 II 水电站装机规模约 15 万千瓦，水电站厂房尾水高程约 216 米

结合河段地形、水位落差、移民淹没等情况，按照大英加水电站高坝和低坝方案两种情况进行河段开发方案分析。

大英加水电站高坝方案（FSL 205 米）情况

大英加水库正常蓄水位淹没至皮奥卡上游约 45 千米，距离宗戈 II 水电站厂房约 18 千米。结合河段地形和水头特性，该河段适宜进行一级开发，并且根据是否淹没宗戈 II 水电站，布置了**皮奥卡（高）方案**和**皮奥卡（低）方案**。

皮奥卡（高）方案电站坝址位于皮奥卡上游约 45 千米，尾水位与大英加水库水位衔接，利用水头 43 米，装机容量约 2000 万千瓦，水库一定程度淹没宗戈 II 水电站厂房。皮奥卡（低）方案电站坝址位于宗戈 II 水电站上游约 4 千米的江心岛处，利用水头 30 米，装机容量约 1400 万千瓦，不会淹没宗戈 II 水电站厂房。皮奥卡（高）方案和皮奥卡（低）方案坝址及库区示意如图 3.8 和图 3.9 所示。

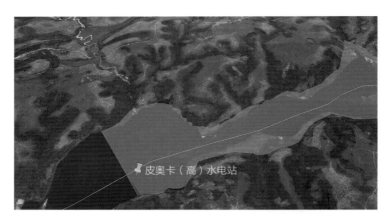

图 3.8 皮奥卡（高）方案电站坝址及库区示意图

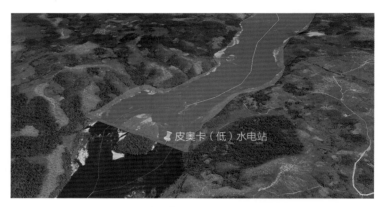

图 3.9 皮奥卡（低）方案电站坝址及库区示意图

皮奥卡（高）方案电站相对于皮奥卡（低）方案电站，多利用水头 13 米，装机容量增加约 600 万千瓦，年均发电量增加约 400 亿千瓦时，但是需要协调解决宗戈 II 水电站厂房淹没改建和效益补偿问题。宗戈 II 水电站装机容量 15 万千瓦，相对较小，但电站 2017 年刚建成投产，目前为刚果（金）国内的主要电源，是否迁移改建存在一定的不确定性。从规模效益来看，由于具备明显的规模效益和比较优势，**皮奥卡（高）方案电站作为河段开发的推荐方案**。皮奥卡（高）方案电站和皮奥卡（低）方案电站开发方案纵剖面示意如图 3.10 所示。

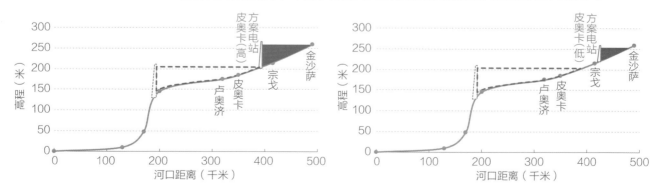

图 3.10 皮奥卡（高）方案电站和皮奥卡（低）方案电站开发方案纵剖面示意图

大英加水电站低坝方案（FSL 175 米）情况

金沙萨至卢奥济河段初步考虑一级和二级开发两个方案。

一级开发方案

金沙萨至卢奥济河段可利用水头约 73 米。当移民淹没范围不大时，适宜作为一级电站开发，工程投资更为经济，且电站相对具有更大的调节库容。此外，从机组制造来说，额定水头 73 米，电站可以采用单机容量更大的混流式机组，厂房尺寸相对较小。然而该方案要一定程度淹没宗戈 II 水电站厂房（见图 3.11）。

图 3.11　宗戈 II 电站厂房淹没影响示意图

二级开发方案

河段拆分为二级开发，可以减少水库淹没面积，避免淹没宗戈 II 水电站，减少征地移民投资，但该开发方案，单个电站利用水头 30～40 米，属于低水头、大流量的水电工程，机组台数多，厂房尺寸大，电站枢纽工程投资增加较大。根据计算，两级开发总装机容量减小 300 万千瓦。此外，电站调节库容较小，不利于电站日内调峰。

河段一级开发和二级开发方案纵剖面示意如图 3.12 所示。

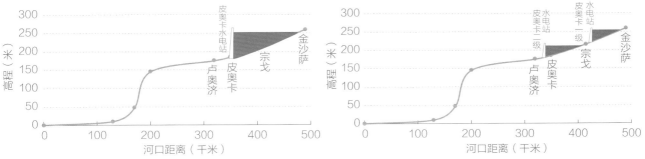

图 3.12　河段一级开发和二级开发方案纵剖面示意图

由于一级开发方案相对于二级开发方案少建一座堤坝，枢纽工程投资大幅降低，且宗戈 II 水电站相对规模小、补偿费用少，因此**河段推荐一级开发**。皮奥卡水电站坝址位于卢奥济镇上游约 10 千米和皮奥卡村下游 20 千米，水库回水淹没至金沙萨下游，利用落差约 73 米。分析计算电站装机容量约 3500 万千瓦，年均发电量 2212 亿千瓦时，装机利用小时数 6300 小时。

3.3.4 英加至马塔迪河段

刚果河干流英加至马塔迪河段全长约 40 千米，河段落差约 37 米，河段平均比降 0.093%。开发方案考虑主要因素为马塔迪水电站与大英加水电站梯级水位衔接，以及避免对马塔迪的淹没影响，减少电站开发与运行对城市的影响。

英加至马塔迪河段落差较小，区间河谷地形较窄，库区淹没范围不大，无重要城镇，初步规划马塔迪水电站一级开发。马塔迪水电站坝址位于马塔迪市上游河段，水库回水淹没至大英加水电站厂房下游，与大英加水电站梯级衔接，库区回水淹没长度约 30 千米，电站利用落差约 30 米。

电站装机容量约 1500 万千瓦，年均发电量 916 亿千瓦时，发电引用流量 5.8 万立方米/秒，装机利用小时数 6107 小时。马塔迪水电站坝址及库区示意如图 3.13 所示。

图 3.13　马塔迪水电站坝址及库区示意图

3.4
电站开发方案

3.4.1 大英加水电站

特征水位

正常蓄水位的选择，应考虑筑坝条件，尽可能获得水头和库容，提高水能利用率，同时尽量减少淹没损失，特别是重要城镇、自然保护区的淹没损失，合理利用规划河段落差。从地形分析，大英加水电站**正常蓄水位 205 米**，能够充分利用坝址和邦迪河谷地形筑坝雍水，利用最大的水头，使电站开发规模最大化；大英加水电站**正常蓄水位 175 米**，能够减少水库对卢奥济镇上万人口和上千房屋的淹没，同时避免界河开发权益复杂性。从下游河段整体开发考虑，正常蓄水位 205 米和 175 米方案均具有合理性和可行性，以及各自的优势和劣势，有待深入研究。统筹下游梯级整体开发，不同蓄水位方案相应三级电站总利用水头相差不大，总装机规模相近。

死水位的选择，应结合水库泥沙淤积对死库容的需求，以及电站运行对调节库容的要求。结合数字高程数据（30 米分辨率），初步计算大英加水电站水库水位205 米以下，库容约 120 亿立方米，水库水位消落 5 米，死水位 200 米，电站调节库容达到 20 亿立方米；正常蓄水位 175 米以下，库容约 54 亿立方米，考虑消落水位 5 米，死水位为 170 米，电站调节库容达到 10 亿立方米。两种方案电站枯水期分别能够满发调峰运行约 25 小时和 14 小时，均能达到日调节性能。

装机容量

大英加水电站高坝方案（FSL 205 米）情况：

大英加水电站正常蓄水位 205 米，发电利用落差约 158 米。通过径流调节计算和能量指标分析，对电站装机容量进行了多方案分析。

装机容量 6000 万千瓦： 电站装机利用小时数高，约 7100 小时。电站除送电解铝、炼钢等工业负荷外，与其他负荷利用小时数不匹配，对受端电网的调峰能力要求高，会造成一定弃水电量，不利于水电外送消纳。

装机容量 6500 万～7000 万千瓦： 电站相应装机利用小时约 6700～6300 小时，补充装机利用小时约 1600～1000 小时。适当增加了装机容量，降低装机利用小时数，有利于充分利用水能，增强电站的调峰能力，减少弃水电量。同时，大英加水电站经济指标优，适当增加装机容量能够更好地发挥工程规模效益。

装机容量 7500 万千瓦：电站补充装机利用小时数约 600 小时，设备利用率较低。在只考虑电量电价的情况下，增加装机的经济性较差。但需要结合电力市场，进一步论证电力系统对电站调峰容量的需求。

大英加水电站高坝方案各装机容量动能指标见表 3.1。

表 3.1　大英加水电站高坝方案各装机容量动能指标

项目	方案一	方案二	方案三	方案四
正常蓄水位（米）	205	205	205	205
装机容量（万千瓦）	6000	6500	7000	7500
主厂房发电水头（米）	155	155	155	155
主厂房引用流量（立方米／秒）	39740	43417	47095	50772
年均发电量（亿千瓦时）	4259	4341	4391	4421
利用小时数（小时）	7100	6679	6273	5895
水量利用率（％）	95.5	97.6	98.9	99.7
补充利用小时数（小时）	2570	1631	1001	604

大英加水电站低坝方案（FSL 175 米）情况：

大英加水电站正常蓄水位 175 米，发电利用水头约 128 米。通过径流调节计算和能量指标分析，对电站装机容量进行了多方案分析。

装机容量 5000 万千瓦：电站装机利用小时数高，超过 7100 小时。电站除送电解铝、炼钢等工业负荷外，与其他负荷利用小时数不匹配，对受端电网的调峰能力要求高，会造成一定弃水电量，不利于水电外送消纳。

装机容量 5500 万 ~6000 万千瓦：电站相应装机利用小时约 6700~6200 小时，补充装机利用小时约 1900~1200 小时。适当增加了装机容量，降低装机利用小时数，有利于充分利用水能，增强电站的调峰能力，减少弃水电量。同时，大英加水电站经济指标优，适当增加装机容量能够更好地发挥工程规模效益。

装机容量 6500 万千瓦：电站补充装机利用小时数约 700 小时，设备利用率低，经济性较差。

大英加水电站低坝方案各装机容量动能指标见表 3.2。

表 3.2 大英加水电站低坝方案各装机容量动能指标

项目	方案一	方案二	方案三	方案四
正常蓄水位（米）	175	175	175	175
装机容量（万千瓦）	5000	5500	6000	6500
主厂房发电水头（米）	126	126	126	126
主厂房引用流量（立方米/秒）	40501	44940	49379	53817
年均发电量（亿千瓦时）	3568	3663	3722	3757
利用小时数（小时）	7137	6661	6203	5780
水量利用率（%）	95.3	97.8	99.2	99.9
补充利用小时数（小时）	2600	1905	1171	696

电力消纳匹配性。为提升大英加水电站经济效益，降低用电负荷变化造成的弃水电量，大英加水电站的装机容量需要结合各消纳市场电力需求特性综合考虑，使推荐方案的出力特性与潜在电力市场的负荷特性相匹配。大英加水电除刚果（金）本国消纳外，跨国的潜在消纳市场主要集中在几内亚、尼日利亚、加纳、南非和赞比亚等国。综合大英加水电站分电方案及受端各国未来负荷特性，对不同装机容量方案的电力消纳进行分析。由于大英加水电站高坝和低坝方案具有相同的出力特性，外送消纳空间足够的情况下，电力消纳匹配性与电站装机利用小时数紧密相关。以大英加水电站低坝方案为代表分析电力消纳匹配性，大英加水电站低坝方案外送消纳指标见表 3.3，潜在电力市场逐月负荷需求及大英加水电站月平均出力比较如图 3.14 所示。

表 3.3 大英加水电站低坝方案外送消纳指标

指标	方案一	方案二	方案三	方案四
装机容量（万千瓦）	5000	5000	5000	5000
丰期弃电量（亿千瓦时）	321	212	119	75
枯期缺电量（亿千瓦时）	8	42	129	280
全年弃电率（%）	9.0	5.8	3.2	2.0
水电站设计发电小时（小时）	7137	6661	6203	5780
送出通道利用小时（小时）	6494	6274	6005	5664
水电站有效发电小时（小时）	6494	6274	6005	5664
负荷利用小时（小时）	6057	6027	6033	5966

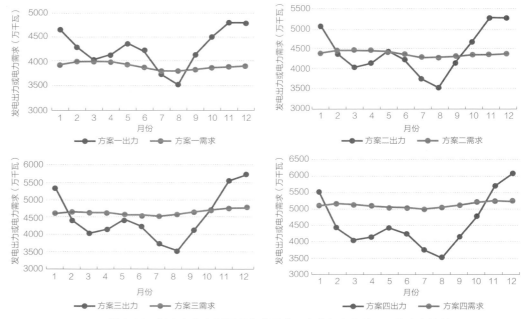

图 3.14　潜在电力市场逐月负荷需求及大英加水电站月平均出力比较

大英加水电站不具备年调节能力，受来水量影响，装机容量扩大带来的新增可发电量主要集中在 10 月至次年 2 月；各装机容量方案中，3 月至 9 月的月平均出力即月可发电量基本一致，不随装机容量变化而变化。受潜在电力消纳市场的年负荷特性影响，扩大装机容量和外送规模增加的外送电量需求，平均分布在全年各个月。因此，通过扩大装机容量及外送规模可以在一定范围内提高大英加水电站外送电量的消纳，但并不能完全解决丰水期的弃水问题，同时装机容量及外送规模过大会带来枯水期受端供电量不足的新问题。

综合电站经济效益及潜在电力市场供电可靠性等因素，大英加水电站低坝方案装机容量 5500 万～6000 万千瓦，相应利用小时数 6700~6200 小时，是较为合理高效的容量方案。 当大英加水电站装机容量低于 5000 万千瓦，大英加水电站将出现基荷弃水，全年弃水电量超过 9%，经济效益较低；大英加水电站装机容量超过 6000 万千瓦，枯水期直流利用率大幅下降，经济性差，同时目标受电市场可能产生缺电量情况。与之相应，**大英加水电站高坝方案装机容量 6500 万～7000 万千瓦，相应利用小时数 6700~6300 小时，是较为合理高效的方案。**

机组机型和台数。 大英加水电站利用水头约 130~160 米，根据水头范围，适宜采用混流式水轮机。机组台数综合考虑电网调度灵活性、梯级衔接、枢纽布置条件及电站经济性等因素。大英加水电站规模巨大，从降低投资考虑，应尽量减少机组台数。考虑新型材料的研发和设备制造工艺的进步，大英加水电站采用单机容量约 100 万千瓦的机组，高坝方案机组台数 65~70 台，低坝方案机组台数 55~60 台。

工程充分利用坝址区河段瀑布形成的天然落差，通过在刚果河修建较低的挡水大坝和在右岸邦迪河谷下游选择合适的发电厂房和尾水渠位置，获得了较大的发电水头，充分利用了河段的有利条件，降低工程投资，提高电站收益。

大英加水电站拦河坝址区河谷呈 "U" 型，顺向谷，左岸坡陡，坡高大于 200 米，左岸坡度 40°，右岸坡缓，坡高大于 80 米，右岸坡度 30°；河道顺直，枯水期水面高程 140 米，宽约 600 米。从地形、地质条件分析，刚果盆地主要由中生代到新生代地层及近现代沉积物组成。刚果河下游干流河段地震活动性差，区域构造稳定性强。

工程主要建筑物由大坝、溢洪道和引水发电建筑物组成。大坝由刚果河主坝、邦迪大坝和多段副坝组成。其中刚果河主坝轴线长度约 1000 米，并由多座副坝组成，轴线总长度约 4000 米。本阶段主坝规划了大英加水电站高坝和低坝两种方案，其中高坝方案主坝坝顶高程 207 米，坝高约 90 米；低坝方案主坝坝顶高程 177 米，坝高约 60 米。溢洪道位于刚果河主河床右岸，采用弧形闸门对水流进行控制。生态厂房位于大坝左岸，设置轴流式生态机组，利用常年下泄的水流流量（4000 立方米 / 秒）发电。

引水发电建筑物设置于刚果河右岸邦迪河谷下游侧，分三期开发，分开布置。引水发电建筑物均由引水渠、进水口，压力管道、地面厂房和尾水渠等组成。尾水渠沿右岸河湾开挖至干流河床，高程约 45 米。大英加水电站枢纽布置如图 3.15 所示。

图 3.15　大英加水电站枢纽布置示意图

3.4.2 皮奥卡水电站

特征水位

皮奥卡水电站坝址位于卢奥济镇上游，河段两岸山体对称，山顶高程约 400 米，水库区地形平缓，无大型崩塌、滑坡等不良地质体分布，成库条件良好。

充分利用河段水能，提高电站开发的经济性。皮奥卡水电站正常蓄水位 250 米，水库回水淹没至金沙萨和布拉柴维尔城市下游。河段淹没范围内涉及宗戈 II 水电站厂房，其余土地主要为热带雨林、少量房屋和耕地。宗戈 II 水电站相对于皮奥卡水电站规模较小，可以对电站厂房迁移改造，并进行一定经济补偿。

结合数字高程数据（30 米分辨率），初步分析电站调节库容。**大英加水电站高坝方案下**，皮奥卡（低）水电站正常蓄水位 250 米以下库容约 25 亿立方米，库容较小，电站适宜按照日调节 / 径流式电站运行。**大英加水电站低坝方案下**，皮奥卡（高）水电站正常蓄水位 250 米以下库容约 70 亿立方米，死水位初步采用 245 米，电站调节库容约 8 亿立方米，基本具备日调节性能，枯水期电站能够满发调峰运行约 9 小时。

装机容量

根据分析，在大英加水电站采用高坝方案或低坝方案的情况下，现阶段皮奥卡河段均推荐采用一级开发方案，分别对应皮奥卡（低）水电站和皮奥卡（高）水电站。

皮奥卡（低）水电站方案

皮奥卡（低）水电站正常蓄水位 250 米，发电水头约 42 米。通过径流调节计算和能量指标分析，对装机容量进行初步比选。

装机容量 1600 万 ~1800 万千瓦：电站装机利用小时数高，超过 7000 小时。与受电端负荷利用小时数匹配性不高，造成一定的弃水电量，不利于水电大规模外送消纳。电站补充装机利用小时数约 2100 小时，继续增加装机容量仍具有较强的经济性。

装机容量 2000 万千瓦：电站相应装机利用小时约 6400 小时，补充装机利用小时为 1100 小时。适当增加了装机容量，降低装机利用小时数，有利于充分利用水能，增强电站的调峰能力，减少弃水电量。从外送电源角度分析，装机利用小时数较为合适，与大英加水电站保持相应水平，且补充装机利用小时数处于合理区间；若电站装机容量继续增加，补充装机经济效益不高。

装机容量 2200 万千瓦： 电站相应装机利用小时约 5900 小时，补充装机利用小时数约 500 小时，设备利用率较低。在只考虑电量电价的情况下，增加装机容量的经济性较差。

综合分析，皮奥卡（低）水电站开发条件较优，适当增加装机容量能够更好发挥工程规模效益，装机容量推荐采用 2000 万千瓦。皮奥卡（低）水电站各装机容量动能指标见表 3.4。

表 3.4　皮奥卡（低）水电站各装机容量动能指标

项目	方案一	方案二	方案三 （推荐方案）	方案四
正常蓄水位（米）	250	250	250	250
装机容量（万千瓦）	1600	1800	2000	2200
发电水头（米）	42	42	42	42
最大发电引用流量（立方米/秒）	43290	48701	54113	59524
年均发电量（亿千瓦时）	1222	1265	1287	1297
利用小时数（小时）	7639	7028	6437	5895
水量利用率（%）	94.1	97.4	99.2	99.9
补充利用小时数（小时）	2600	2144	1121	477

皮奥卡（高）水电站方案

皮奥卡（高）水电站正常蓄水位 250 米，发电水头约 72 米。通过径流调节计算和能量指标分析，对装机容量进行初步比选。

装机容量 3000 万千瓦： 电站装机利用小时数高，约 7200 小时。与受电端负荷利用小时数匹配性不高，造成一定的弃水电量，不利于水电外送消纳。

装机容量 3250 万千瓦： 装机利用小时数约 6700 小时，补充装机利用小时约 1500 小时。适当增加了装机容量，降低装机利用小时数，有利于充分利用水能，增强电站的调峰能力，减少弃水电量。

装机容量 3500 万千瓦: 电站相应装机利用小时数约 6300 小时,补充装机利用小时数约 900 小时。从外送电源角度分析,装机利用小时数较为合适,与大英加水电站保持相应水平,且补充装机利用小时数处于合理区间;若电站装机容量继续增加,补充装机容量经济效益不高。

装机容量 3750 万千瓦: 电站相应装机利用小时数约 5900 小时,补充装机利用小时数约 400 小时,设备利用率较低。在只考虑电量电价的情况下,增加装机容量的经济性较差。

综合分析,皮奥卡(高)水电开发条件较优,适当增加装机容量能够更好地发挥工程规模效益,装机容量推荐采用 3500 万千瓦。皮奥卡(高)水电站各装机容量动能指标见表 3.5。

表 3.5 皮奥卡(高)水电站各装机容量动能指标

项目	方案一	方案二	方案三 (推荐方案)	方案四
正常蓄水位(米)	250	250	250	250
装机容量(万千瓦)	3000	3250	3500	3750
发电水头(米)	72	72	72	72
最大发电引用流量(立方米/秒)	47348	51294	55240	59186
年均发电量(亿千瓦时)	2154	2191	2212	2223
利用小时数(小时)	7180	6741	6320	5928
水量利用率(%)	96.8	98.4	99.4	99.9
补充利用小时数(小时)	—	1470	857	433

机组机型和台数。皮奥卡(低)水电站发电水头约 42 米,适宜采用混流式/轴流式水轮机。皮奥卡(高)水电站发电水头约 72 米,适宜采用混流式水轮机。皮奥卡水电站规模巨大,从降低投资考虑,应尽量减少机组台数,皮奥卡(低)水电站初步考虑采用单机容量 40 万千瓦机组 50 台;皮奥卡(高)水电站初步考虑采用单机容量 70 万千瓦机组 50 台。

枢纽布置

皮奥卡水电站工程区对应的地震基本烈度小于 VI 度,区域构造稳定性好。电站采用坝式开发,主要通过筑坝雍水获得水头。坝址断面河床宽度适宜,满足工程枢纽布置需要，同时可减少大坝开挖和填筑工程量。工程主要建筑物由挡水及泄水建筑物和引水发电建筑物组成。皮奥卡（低）和（高）水电站方案坝址位于同一河段，地形地质条件相似，**以皮奥卡（高）水电站为代表分析电站枢纽布置**。

挡水、泄水建筑物。坝址河谷呈"U"型，两岸对称，坡高大于 200 米，坡度约 35°～45°，河道顺直，枯水期水面高程 177 米，宽约 1000 米。由于坝址区河谷宽缓，设计洪水流量大，综合考虑项目的经济性及安全性，电站推荐采用混凝土重力坝和坝身泄洪方式。为便于下泄洪水归槽溢流，坝段布置于主河道，厂房布置于地形相对较缓的左岸。

挡水建筑物为混凝土重力坝，坝顶高程 253 米，最低建基面高程约为 163 米，最大坝高约 90 米，大坝长度为 1900 米。采用坝身表孔＋底孔泄洪，孔口坝段均位于主河床部位。

引水发电建筑物。引水发电建筑物位于溢流坝左侧，主要由坝式进水口及坝后式厂房组成，主厂房建基于基岩。厂区枢纽建筑物由主机间、安装间、副厂房、GIS 楼及尾水渠组成。单机装机容量 70 万千瓦，单机引用流量 1100 立方米／秒。皮奥卡水电站三维效果如图 3.16 所示。

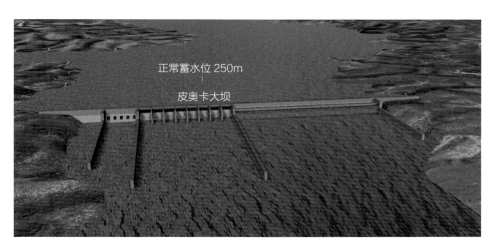

图 3.16　皮奥卡水电站三维效果图

3.4.3 马塔迪水电站

特征水位

马塔迪水电站坝址位于马塔迪城市上游弯道处，水电站正常蓄水位 45 米，与大英加水电站厂房尾水衔接，充分利用河段水位落差。水库区地形平缓，无大型崩塌、滑坡等不良地质体分布，具备建库条件。河段淹没范围内主要为热带雨林、少量房屋和耕地，无重要敏感对象。

结合数字高程数据（30 米分辨率），初步估算马塔迪水电站正常蓄水位 45 米以下，库容较小，约 5 亿立方米，可按照径流式电站运行。

装机容量

马塔迪水电站正常蓄水位 45 米，发电利用水头约 30 米。通过径流调节计算和能量指标分析，对装机容量进行分析。

装机容量 1300 万千瓦：电站装机利用小时约 6900 小时。与受电端负荷利用小时数匹配性不高，会造成一定的电站弃水，不利于外送消纳。适当增加了装机容量，降低装机利用小时数，有利于充分利用水能，增强电站的调峰能力，减少弃水电量。

装机容量 1400 万千瓦：电站相应装机利用小时约 6500 小时，补充装机利用小时约 1100 小时。从外送电源装机利用小时数分析，较为合适，与大英加水电站保持相应水平；从补充装机利用小时数分析，补充装机效益基本合适。

装机容量 1500 万千瓦：电站相应装机利用小时约 6100 小时，补充装机利用小时约 600 小时，继续增加装机经济效益不高。

装机容量 1600 万千瓦：电站相应装机利用小时约 5700 小时，补充装机利用小时数约 220 小时，经济性较差。

综合分析，马塔迪水电站采用低闸式开发，适当增加装机容量能够更好发挥工程规模效益，装机容量推荐采用 1400 万～1500 万千瓦。马塔迪水电站各装机容量动能指标见表 3.6。

表 3.6　马塔迪水电站各装机容量动能指标

项目	方案一	方案二	方案三	方案四
正常蓄水位（米）	45	45	45	45
装机容量（万千瓦）	1300	1400	1500	1600
发电水头（米）	29.5	29.5	29.5	29.5
发电引用流量（立方米／秒）	50077	53929	57781	61633
年均发电量（亿千瓦时）	899	910	916	918
利用小时数（小时）	6915	6497	6107	5738
水量利用率（%）	97.9	99.0	99.7	100.0
补充装机利用小时数（小时）	—	1075	634	218

机组机型和台数。马塔迪水电站装机容量 1400 万～1500 万千瓦，利用水头约 30 米，属于低水头电站，适宜采用轴流式或贯流式水轮机。从降低投资考虑，应尽量减少机组台数，初步考虑采用单机容量 25 万千瓦轴流机组 56～60 台。

枢纽布置

马塔迪水电站工程区对应的地震基本烈度小于 VI 度，区域构造稳定性好。马塔迪水电站采用坝式（河床式）开发，主要通过闸坝雍水获得水头。坝址位置位于马塔迪城市上游河湾处，避免建设运行对城市影响。枢纽主要建筑物由左右岸接头坝段、河床式厂房及泄洪冲沙闸等组成。

马塔迪拦河坝址区河谷宽缓，位于"L"型河湾处，左岸坡陡，坡高大于 400 米，左岸坡度 40°，右岸山地高度变化较大，坡高约 150~300 米，右岸坡度 30°~35°；枯水期水面高程 45 米，河段宽度变化剧烈约 500~1500 米。坝顶高程为 47 米，最大坝高约 43 米，拦河大坝坝轴线总长 2300 米（由于该部位天然河道较为狭窄，需要开挖左岸坝肩布置溢洪道）。

泄洪建筑物主要为位于左岸的水闸，河床式厂房位于泄洪建筑物右侧，左右岸接头坝采用混凝土重力坝。主厂房内安装约 60 台水轮发电机组。马塔迪水电站三维效果如图 3.17 所示。

图 3.17 马塔迪水电站三维效果图

3.5
梯级开发规模

根据河段规划研究和梯级模拟运行，刚果河下游三级电站水库水位相衔接，发电引用流量相匹配。不同开发方案整体规模和电量基本相同，总装机容量1.05 亿～1.1 亿千瓦，年均发电量 6600 亿～6900 亿千瓦时，利用小时数约6200 小时。刚果河下游梯级电站动能指标（大英加水电站高坝方案）见表 3.7；刚果河下游梯级电站动能指标（大英加水电站低坝方案）见表 3.8。

刚果河下游梯级开发纵剖面示意（大英加水电站高坝方案）如图 3.18 所示；刚果河下游梯级开发纵剖面示意（大英加水电站低坝方案）如图 3.19 所示。

表 3.7　刚果河下游梯级电站动能指标（大英加水电站高坝方案）

项目	梯级一	梯级二	梯级三	刚果河下游
水电站	皮奥卡水电站	大英加水电站	马塔迪水电站	—
开发方式	坝式	混合式	坝式	—
正常蓄水位（米）	250	205	45	—
调节性能	日调节	日调节	径流式	—
装机容量（万千瓦）	2000	7000	1500	10500
尾水位（米）	207	47	15	—
引用流量（立方米/秒）	54113	54456	53929	—
年均发电量（亿千瓦时）	1287	4391	916	6594
利用小时数（小时）	6437	6273	6110	6280
水量利用率（%）	99.2	99.0	99.7	99.2

表 3.8　刚果河下游梯级电站动能指标（大英加水电站低坝方案）

项目	梯级一	梯级二	梯级三	刚果河下游
水电站	皮奥卡水电站	大英加水电站	马塔迪水电站	—
开发方式	坝式	混合式	坝式	—
正常蓄水位（米）	250	175	45	—
调节性能	日调节	日调节	径流式	—
装机容量（万千瓦）	3500	6000	1500	11000
尾水位（米）	177	47	15	—
引用流量（立方米 / 秒）	55240	55000	53929	—
年均发电量（亿千瓦时）	2212	3722	916	6850
利用小时数（小时）	6320	6200	6110	6230
水量利用率（%）	99.4	99.2	99.7	99.3

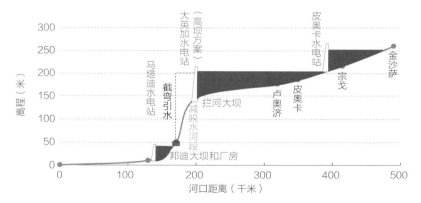

图 3.18　刚果河下游梯级开发纵剖面示意图（大英加水电站高坝方案）

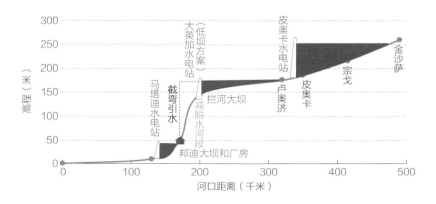

图 3.19　刚果河下游梯级开发纵剖面示意图（大英加水电站低坝方案）

4 刚果河水电消纳市场及输电方案

刚果河水电基地装机规模巨大，刚果（金）、刚果（布）本地消纳能力有限，需要统筹规划，扩大消纳市场，在整个非洲内优化配置。特高压输电技术具有输送距离远、容量大、损耗低等优势，在满足当地用电需求基础上，通过特高压输电工程，可实现刚果河水电大规模开发、输送与消纳。

4.1
电力消纳原则

刚果河流域地理上主要属于中部非洲，覆盖范围广、规划装机容量大，需根据刚果（金）、刚果（布）等流域内国家及整个非洲发展需要，充分考虑干支流水电开发条件、开发规模、开发时序，在满足流域内国家自身用电需求的基础上，总体消纳原则为：

干流上游及支流水电开发规模适中、开发成本较高、与矿区距离较近，电力宜就近消纳，主要满足水电站周边 300~500 千米内刚果（金）、刚果（布）、中非、喀麦隆等国本地用电需要，支撑采矿、农产品加工等产业发展，满足无电人口通电需求。

下游水电集中式大规模开发，规划总装机容量 1.1 亿千瓦，年发电量约 6900 亿千瓦时，规模优势明显，年利用小时数 6200 时左右，与电解铝、炼钢等工业负荷特性高度匹配，在满足本地及中部非洲邻近国家用电需求的基础上，应更大范围跨区送电西部、南部、东部、北部非洲，保障非洲"电－矿－冶－工－贸"联动发展电力需求。同时，可跨洲送电欧洲、西亚，实现清洁水电大规模开发和高效利用。刚果河水电总体消纳定位见表 4.1。

表 4.1　刚果河水电总体消纳定位

流域名称		消纳定位
干流	刚果河干流下游	跨区外送为主、兼顾本国
	刚果河干流上游	刚果（金）加丹加省、马尼埃马省、东方省
左岸主要支流	卢阿拉巴河	刚果（金）加丹加省
	开赛河	刚果（金）西开赛省、东开赛省、班顿杜省
右岸主要支流	乌班吉河	中非，刚果（金）赤道省、东方省
	桑加河	喀麦隆南部、刚果（布）北部
其他中小水电		本地就近消纳

4.2
本地消纳市场

4.2.1 刚果（金）

发展基础

刚果（金）是中部非洲第一大国，面积、人口均位居中部非洲首位。近年来，宏观经济保持平稳增长。2010—2018年，年均GDP增速约7.4%。2018年GDP约380亿美元，人均GDP为450美元，是中部非洲经济大国。其经济以采矿业、农业、林业、食品加工业为主，2018年第一产业占比43.3%，第二产业占比13.9%；劳动力潜力巨大，总人口约8400万，占中部非洲人口的65%，占非洲总人口的7%，且适龄劳动人口占比过半，劳动力优势明显。

刚果（金）矿产资源丰富，蕴藏多种有色金属、稀有金属和非金属矿产，主要分布在东部地区（见图4.1）。其中铜储量约7500万吨、占世界总储量的15%，是非洲第一大、世界第五大铜矿产国。钴储量约450万吨，占世界总储量的50%，近年来产量超过世界的一半。此外，金、锡、锰、锂、钽铌、钻石等矿产资源储量也在世界上具有重要地位。

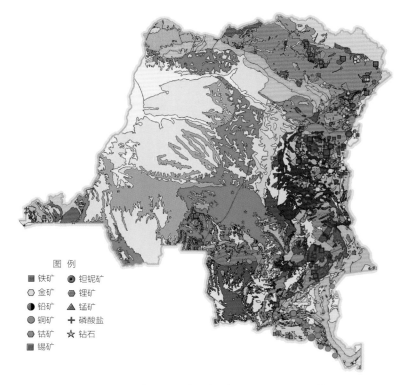

图 例

■ 铁矿	◉ 钽铌矿
○ 金矿	● 锂矿
◐ 铅矿	▲ 锰矿
◑ 铜矿	✛ 磷酸盐
◑ 钴矿	★ 钻石
■ 锡矿	

图 4.1　刚果（金）矿产分布示意图 ❶

---

❶ 数据来源：刚果（金）国家投资促进署（National Agency for the Promotion of Investments of D. R. Congo）。

发展前景

2016 年，刚果（金）政府发布国家战略发展计划《2050 年刚果（金）愿景》，将分三个阶段逐步落实发展目标，即 2020 年进入中等收入国家行列，2030 年成为新兴经济体，2050 年实现工业化经济。

第一阶段（2017—2020 年）

着力提高农业生产力、促进农业转型，开发农业加工园区和综合研发中心，以吸引更多资金进入农业部门，人均 GDP 达到 1050 美元。

第二阶段（2021—2030 年）

建设工业密集型国家，建设工业园区，创造更多的本地附加价值，大力发展基础设施并吸引外国直接投资，人均 GDP 达到 4000 美元。

第三阶段（2031—2050 年）

建设知识科技型社会，通过培养人才、研发技术、建设科技园，人均 GDP 达到 12000 美元。

结合矿产及水电资源禀赋及分布，**刚果（金）适宜走"电－矿－冶－工－贸"联动发展的工业化道路**，以铜、钴产业为主导，矿产开采与矿产深加工协同发展，建立数个重点矿产加工工业园区，产品在满足本国经济社会发展需要基础上，跨国跨洲出口，融入国际产业链，促进国际贸易发展。

精炼铜价格是铜精矿的 6 倍以上，以铜材代替铜矿石直接出口可获得更大经济收益。2030 年，刚果（金）粗铜产量达到 200 万吨，精炼铜产量达到 150 万吨；2050 年，刚果（金）粗铜产量达到 400 万吨，精炼铜产量达到 350 万吨。随着精炼铜冶炼规模化发展，刚果（金）可开展铜材深加工，既能满足国内工业化发展对铜材的巨大需求，又能带动交通运输、建筑等下游铜材需求产业发展。

同时，大力发展钴加工业，延伸升级现有钴矿产业链条。2030 年电解钴产量达到 15 万吨；2050 年电解钴产量达到 30 万吨。随着新能源汽车、数码电子产品等新兴产业快速发展，全球钴消费将持续快速增长。钴产业发展可为刚果（金）创造巨大经济效益，同时也将带动锂电池、高温合金、硬质合金及化工等行业发展，加速国内工业化进程。刚果（金）产业规划如图 4.2 所示。

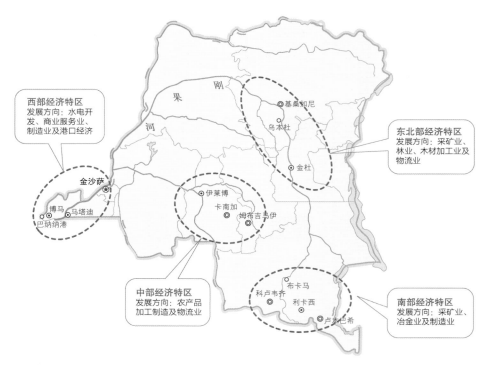

图 4.2　刚果（金）产业规划示意图

消纳市场

考虑无电人口通电、矿产开发、工业化等经济社会发展需要，刚果（金）未来电力需求增长空间大。预测 2030 年，全社会用电量将达到 340 亿千瓦时，最大负荷 600 万千瓦，人均用电量 280 千瓦时 / 年；2050 年，全社会用电量将达到 1400 亿千瓦时，最大负荷 2500 万千瓦，人均用电量 710 千瓦时 / 年。刚果（金）电力需求发展总体情况见表 4.2。

表 4.2　刚果（金）电力需求发展总体情况

年份	用电量 （亿千瓦时）	最大负荷 （万千瓦）	人均用电量 （千瓦时 / 年）
2016	79	196	100
2030	340	600	280
2040	800	1400	510
2050	1400	2500	710

从分布上看，负荷主要分布在刚果（金）政府设立的四大经济特区，即西部经济特区（包括首都金沙萨、下刚果省的马塔迪和港口城市巴纳纳）、南部经济特区（包括加丹加省的科卢韦齐、利卡西和卢本巴希）、中部经济特区（包括西开赛省的伊莱博、奇卡帕、卡南加和东开赛省的姆布吉马伊）和东北部经济特区（包括东方省的基桑加尼、马尼埃马省的金杜和赤道省的本巴）。2050 年，四大特区负荷占比超过全国的 90%，其中西部、南部和东北部经济特区负荷分别为 800 万、800 万千瓦和 500 万千瓦。西部经济特区主要负荷类型是居民生活用电、加工制造业和商业、服务业；南部和东北部经济特区负荷类型主要是采矿、冶金等重工业负荷；中部经济特区主要负荷类型为居民生活和农产品加工制造。刚果（金）2050 年负荷分布示意如图 4.3 所示。

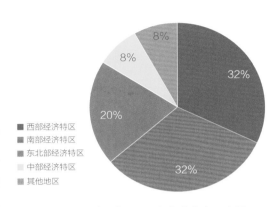

图例：
- 西部经济特区
- 南部经济特区
- 东北部经济特区
- 中部经济特区
- 其他地区

图 4.3　刚果（金）2050 年负荷分布示意图

按照刚果河下游水电满足刚果（金）国内工业用电及一半以上居民用电需求计算，2050 年刚果河下游水电基地刚果（金）本国消纳电量规模约 800 亿～1000 亿千瓦时，对应装机容量约 1400 万千瓦。卢武阿河、卢阿拉巴河等干支流水电、中小水电及适量生物质发电满足其余电能需求。经电力电量平衡计算，除下游水电基地外的刚果河干支流水电装机容量约 1800 万千瓦，生物质及其他发电装机容量 400 万千瓦。

统筹水电开发规划与负荷规模、分布及特性，**刚果河下游水电**主要满足采矿业、冶金业、加工制造业等工业化发展电能需要，就近送电西部金沙萨、马塔迪、巴纳纳等地区 600 万千瓦，保障城市化、工业化发展电能需要；在全国范围内优化配置，分别送电南部加丹加省 600 万千瓦、东北部马尼埃马省和东方省 400 万千瓦，满足采矿、冶金业电能需求；其余电力可跨国跨区外送。2050 年前刚果（金）国内水电消纳市场见表 4.3。

表 4.3　2050 年前刚果（金）国内水电消纳市场

流域名称	消纳区域	消纳空间（万千瓦）
刚果河干流下游	西部（金沙萨、马塔迪、巴纳纳）	600
	南部（加丹加省）	600
	东北部（金杜、基桑加尼）	400
	合计	1600

刚果河干支流其他水电主要就近消纳，保障当地工农业发展、人民生活水平提升，助力刚果（金）2050 年前实现 100% 电力普及率。其中**刚果河干流上游水电**主要在南部经济特区和东北部经济特区消纳，**卢阿拉巴河水电**主要在南部经济特区消纳，**开赛河水电**主要在中部经济特区消纳，**乌班吉河水电**主要在东北部经济特区消纳。

考虑长远发展，2060 年刚果（金）全社会用电量预计将达到 2000 亿千瓦时，最大负荷 3500 万千瓦。统筹区域水电均衡开发及装机多元化需求，刚果河下游水电基地满足全国约 50% 用电需求，对应留存装机容量 1400 万 ~1600 万千瓦。除下游水电基地外的刚果河干支流水电装机规模约 3000 万千瓦，生物质及其他电源类型装机规模 600 万千瓦，刚果（金）仍有约 1500 万千瓦水电装机潜力可开发利用。

4.2.2　刚果（布）

发展基础

刚果（布）是中部非洲重要国家，也是撒哈拉以南非洲较为发达的经济体。2015 年前，刚果（布）经济保持稳步增长。近年来随着国际油价和铁矿石价格的走低，刚果（布）经济增速放缓，2018 年 GDP 约 110 亿美元，人均 GDP 2100 美元；石油产业是支柱产业，2017 年产量 1.1 亿桶，较 2016 年增长 16%，石油占出口比重高达 70%，占 GDP 比重近 30%。

刚果（布）油气、矿产资源丰富。刚果（布）石油探明储量 16 亿桶、储采比约为 15，天然气储量近 1000 亿立方米，目前尚未大规模开发，油气资源主要集中在沿海地区；铁矿储量约 250 亿吨，钾矿已探明储量 60 亿吨，主要集中在西南部和北部地区，金、铅、铜、磷酸盐等矿产储量也较为丰富。刚果（布）矿产分布示意如图 4.4 所示。

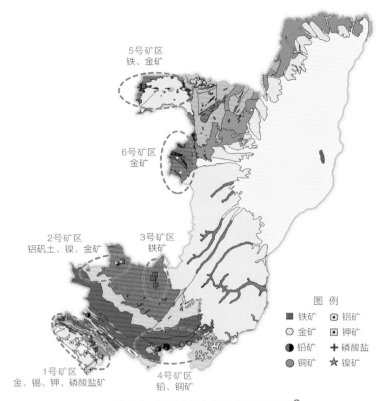

图 4.4　刚果（布）矿产分布示意图 ❶

除刚果河干支流外，刚果（布）水电资源主要集中在西南部的奎卢河及其支流卢埃塞河、尼阿里河，水电技术可开发量约 250 万千瓦，目前有明确开发规划的水电站共 8 座，总装机容量约 230 万千瓦。刚果（布）奎卢河及其支流规划电站情况见表 4.4。

表 4.4　刚果（布）奎卢河及其支流规划电站情况 ❷

流域名称	规划电站	装机容量（万千瓦）
奎卢河干流	松达（Sounda）	80
卢埃塞河上游	穆哈拉（Mourala）	10
	尼扬加（Nyanga）	23

❶ 数据来源：刚果（布）矿业与地质部。
❷ 数据来源：中国电力建设集团有限公司。

流域名称	规划电站	装机容量（万千瓦）
卢埃塞河中下游	比孔戈（Bikongo）	15
	伊巴邦加（Ibabanga）	53
	姆普库（Mpoukou）	16
尼阿里河	姆普库鲁（Moukoukoulou）	17
	马卡巴马（Makabama）	15
合计		229

发展前景

刚果（布）政府积极推行振兴经济和经济多元化政策，减少对石油的过度依赖，推动各行各业全面发展。 2009 年，萨苏总统提出了"未来之路"计划，主要是以经济多元发展和社会进步为目标，以加强基础设施建设和教育培训为支柱，重点发展农业、矿业和加工业。为了建设成为新兴发展中国家，刚果（布）政府设立了布拉柴维尔、黑角、奥约－奥隆博、韦索四个经济特区，并依据各个特区特点发展不同产业。刚果（布）是全世界唯一将经济特区事务设立为部级单位的国家，并于 2017 年颁布了《经济特区法》。

结合资源禀赋及产业基础，**刚果（布）可依托本国铁矿、钾矿和几内亚等国铝矾土资源发展产业园区，继而带动经济特区上下游产业发展，逐步实现"电－矿－冶－工－贸"全产业链联动发展。** 重点发展四大经济特区和马约科、扎纳加钢铁加工园区及奎卢省钾肥产业，其中黑角经济特区借鉴中国经验，是中非产能合作的旗舰项目和非洲集约发展的样板工程。该特区依托刚果（布）矿产资源和黑角深水港，重点发展矿产开采及加工业，以及石油、化工、食品等多种产品加工出口。布拉柴维尔经济特区依托首都经济圈，重点发展金融、建筑及物流业。韦索经济特区作为刚果（布）西北部工业中心，重点发展矿产开采、农产品加工、木材加工及建材产业。奥约－奥隆博经济特区重点发展畜牧业、林业、经济作物种植及农产品加工业。刚果（布）产业发展规划示意如图 4.5 所示。

统筹考虑矿产资源分布、水电开发布局、基础设施条件等，建议刚果（布）矿业发展目标为：2030 年前，在马约科、扎纳加、韦索等矿区和黑角、布拉柴维尔经济特区建设钢铁加工园区，重点建设黑角电解铝和钾肥产业园区。2030 年钢铁、电解铝、氯化钾产量分别达到 2000 万、100 万吨和 200 万吨。2050 年前，加快提升铁路、港口等基础设施建设，利用黑角港优势发展海陆联运，带动周边沿线及较远省份的矿产资源开发，钢铁、电解铝、氯化钾产业规模进

图 4.5　刚果（布）产业发展规划示意图

一步扩大，2050 年钢铁、电解铝、氯化钾产量分别达到 6000 万、200 万吨和600 万吨。

消纳市场

考虑刚果（布）电解铝、钢铁产业、钾肥产业高速发展及无电人口通电等用电需要，预测 2030 年，全社会用电量达到 330 亿千瓦时，最大负荷 500 万千瓦，人均用电量 4500 千瓦时 / 年；2050 年，全社会用电量达到 800 亿千瓦时，最大负荷 1200 万千瓦，人均用电量 7000 千瓦时 / 年。刚果（布）电力需求发展总体情况见表 4.5。

表 4.5　刚果（布）电力需求发展总体情况

年份	用电量 （亿千瓦时）	最大负荷 （万千瓦）	人均用电量 （千瓦时 / 年）
2016	10	22	200
2030	330	500	4500
2040	500	780	5300
2050	800	1200	7000

从分布上看，负荷集中分布在南部的黑角经济特区、布拉柴维尔经济特区和尼阿里、莱库穆省钢铁产业园区。2050 年，三个区域负荷占比超过全国的 90%，其中黑角经济特区随着电解铝和钢铁产业的快速发展，最大负荷将达到约 700 万千瓦，成为全国的电力负荷中心。刚果（布）2050 年负荷分布示意如图 4.6 所示。

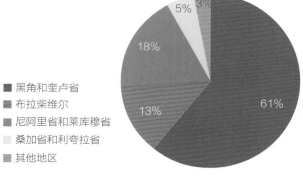

图 4.6　刚果（布）2050 年负荷分布示意图

统筹水电开发规划与负荷规模、分布及特性，并考虑刚果（布）天然气和生物质等其他电源发展潜力，**刚果河下游水电**主要满足黑角经济特区电解铝、钢铁等高负荷利用小时数、高可靠性要求、高耗能产业电能需求。考虑远期发展，刚果河下游水电基地刚果（布）消纳电量规模约 500 亿千瓦时、对应装机容量约 800 万千瓦。刚果（布）其他水电主要就近消纳，满足本地"电 - 矿 - 冶 - 工 - 贸"联动发展及实现 100% 电力普及率目标，其中**奎卢河及其支流水电**主要在黑角经济特区和尼阿里、莱库穆钢铁产业园消纳，**桑加河水电**主要在北部韦索经济特区消纳，**莱菲尼河、朱埃河等其他刚果河支流水电**主要在布拉柴维尔经济特区及其他地区消纳。

4.2.3 区域内其他国家

刚果河流域主要位于中部非洲。2016 年中部非洲总人口 1.3 亿人，占非洲总人口的 11%，GDP 为 1213 亿美元，占非洲总量的 5%；用电量 180 亿千瓦时，最大负荷 280 万千瓦，除刚果（金）和刚果（布）外，喀麦隆和加蓬是主要电力负荷中心，两国合计占比 47%。电源装机容量 590 万千瓦，其中水电装机比例 68%。中部非洲人均用电量 140 千瓦时 / 年，人均装机容量 0.05 千瓦，均不足非洲平均水平的三分之一，电力普及率 27%，尚存 9500 万无电人口。

中部非洲各国政治、社会环境整体趋于稳定，矿产、森林资源丰富，区位优势明显，人口红利突出且增长快速，各国陆续推出工业和经济振兴计划，经济发展潜力很大。未来，随着矿产开采冶炼、制造业、农副产品加工业等产业的发展，特别是铜、电解钴、电解锰、钢铁等高耗能产业发展壮大，以及城镇化、无电人口通电等因素，能源电力需求将保持高速增长。预计 2030 年，除刚果（金）、刚果（布）两国外中部非洲总用电量将达到 410 亿千瓦时，其中矿业新增用电量 200 亿千瓦时，最大负荷 750 万千瓦；2050 年，总用电量达到 1200 亿千瓦时，其中矿业新增用电量 650 亿千瓦时，最大负荷 2300 万千瓦。中部非洲其他国家电力需求变化趋势如图 4.7 所示。

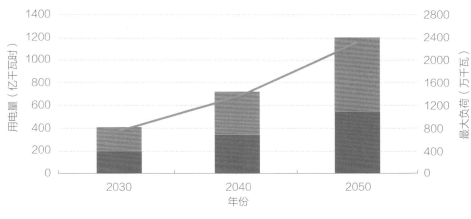

图 4.7　中部非洲其他国家电力需求变化趋势

中部非洲水能资源得天独厚，除刚果河干支流外，喀麦隆萨纳加河、加蓬奥果韦河水能资源也较为丰富，水电技术可开发量分别为 1200 万、600 万千瓦。此外，中部非洲生物质资源丰富，乍得、喀麦隆部分地区太阳能和风能资源较好，赤道几内亚、加蓬等国油气资源较为丰富。未来，各国在优先开发水电、因地制宜发展风光发电、适度发展气电的基础上，可通过中部非洲互联电网受入区内外来电力，满足枯水期用电需要。统筹考虑各国外受电比例、波动性电源装机占比、系统安全运行等要求，刚果河下游水电区内配置规模 300 万 ~ 400 万千瓦，主要受电国家为喀麦隆和加蓬。中部非洲部分河流年内流量变化情况如图 4.8 所示。

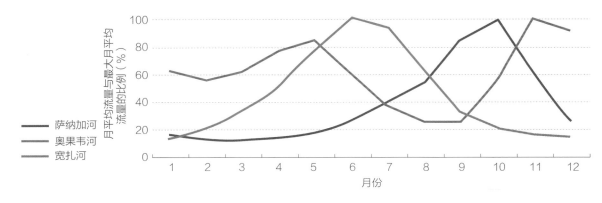

图 4.8　中部非洲部分河流年内流量变化情况

喀麦隆铝矾土和水能资源丰富，具备发展电解铝产业的有利条件，近中期重点开发本国萨纳加河干支流及刚果河支流水电满足用电需要，2040 年后可受入刚果河下游水电，支撑水电丰枯调剂需求；**加蓬**锰、铁矿储量较大、品位较高，已具备一定的开采基础，未来可发展锰矿和铁矿深加工的资源优势，近中期重点开发本国奥果韦河流域水电满足用电需要，远期可受入刚果河下游水电保障矿业快速发展供电需求。

4.3
跨区消纳市场

4.3.1　总体发展趋势

21 世纪以来，非洲政治局势日趋稳定，人口红利不断释放，营商环境持续向好，过去十年，非洲经济总量翻番，已超过 2 万亿美元，经济增速为 3.7%，是全球经济增长最快的区域之一。依托丰富的矿产资源、清洁能源资源和突出的劳动力优势，非洲正迎来以工业化、城镇化和区域一体化为特征的新机遇，并将成为世界经济的重要增长极。综合考虑人口增长、经济发展、国际产能转移等因素，预计未来非洲经济仍将保持强劲增长势头，2050 年 GDP 总量将达到 2015 年的 3~6 倍 ❶，增速位于全球前列。

工业化、城镇化和区域一体化也将带动非洲能源电力需求快速增长。特别是以"电 – 矿 – 冶 – 工 – 贸"联动发展为重点，以产业升级为标志的工业化，其前提是充足的能源电力供应。预计未来非洲电力需求增长迅速，2050 年用电量和最大负荷分别是 2016 年的 6.1 倍和 5.5 倍。2016—2050 年，非洲电力需求总量从 0.64 万亿千瓦时增至 4.0 万亿千瓦时，年均增速 5.5%；最大负荷从 1.3 亿千

---

❶ 数据来源：非洲发展银行，国际能源署，麻省理工学院。

瓦增至 7.1 亿千瓦，年均增速 5.2%；年人均用电量从 520 千瓦时增至 1570 千瓦时，是 2015 年的 3 倍，相当于世界 1980 年水平，仍有很大的上升空间。

2063 年，非洲总用电量将达到 5.5 万亿千瓦时，最大负荷约 10 亿千瓦，年人均用电量约 1800 千瓦时，实现非盟"2063 年议程"中的发展目标。非洲用电量和最大负荷如图 4.9 所示。

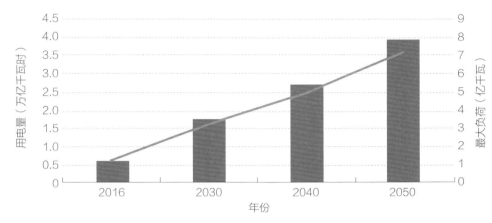

图 4.9　非洲用电量和最大负荷

非洲电力供应能力将显著提升，清洁能源将成为主力电源。2050 年非洲电源总装机容量达 13.1 亿千瓦，年均增速 5.8%，人均装机容量增长到 0.52 千瓦，增至 2016 年的 3.3 倍。清洁能源将在 2030 年前成为主力电源，2050 年，清洁电源装机容量超过 10 亿千瓦，占比提升至 77%，其中太阳能发电装机容量 5.6 亿千瓦、水电装机容量 2.8 亿千瓦、风电装机容量 1.3 亿千瓦。

2063 年，非洲总装机容量将达到 18.4 亿千瓦，清洁电源装机容量比例 85%，清洁能源发电量比例 80%。非洲分品种电源装机容量如图 4.10 所示。

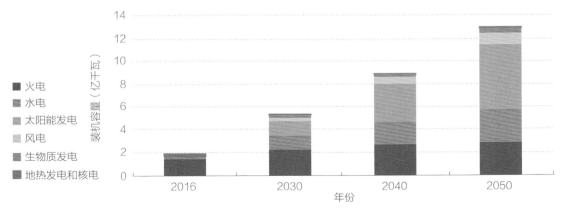

图 4.10　非洲分品种电源装机容量

4.3.2 区域发展定位

基于非洲总体能源电力发展趋势，结合各区域发展基础、资源禀赋、产业优势、政策导向，未来非洲各区域能源电力发展定位如图 4.11 所示。

水电、矿产资源丰富，可通过刚果河、萨纳加河等流域水电大规模开发，在满足自身工业化、无电人口通电等需求的前提下，跨区外送清洁电力，实现资源优势转化为经济优势，未来将成为非洲主要的清洁电源基地。

矿产资源丰富、人口红利突出、区位优势明显、工业化潜力巨大，依托"电－矿－冶－工－贸"联动发展新模式，电能需求将快速增长。目前化石能源电源占比较高，各国重视清洁化转型，区域内清洁能源资源有限且波动性较强、难以保障工矿业负荷可靠供电，未来将成为非洲主要的电力受入中心。

区位优势明显，人口红利突出，工业园发展基础较好，是非洲整体发展较快的区域。水能、太阳能、风能、地热能等多种清洁能源资源较为丰富，先期通过尼罗河水电、东非大裂谷地热能开发满足区域及周边电力需求，远期随着人口增加和制造业的进一步发展，本区域也将成为电力受入地区。

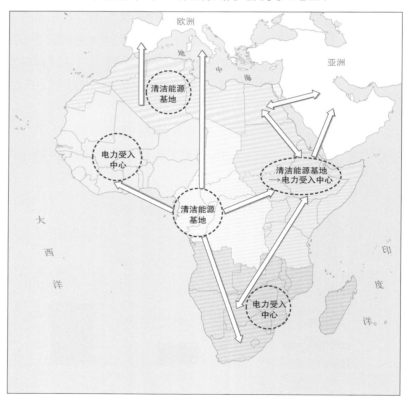

图 4.11　非洲各区域发展定位示意图

北部非洲

太阳能、风能资源丰富，开发条件好，具备建设大规模太阳能发电、风电基地的潜力。地中海对岸的欧洲大陆地区经济发达、电力需求大，随着电能替代比例的提升，存在较大的电力缺口。本区域可在满足自身用电的基础上，跨地中海向欧洲送电，成为清洁电源基地。

4.3.3 区域消纳市场分析

西部非洲

西部非洲总人口 3.6 亿人，占非洲总人口的 31%，GDP 为 5702 亿美元，占非洲总量的 26%。2016 年，西部非洲用电量 564 亿千瓦时，最大负荷 1040 万千瓦，尼日利亚、加纳和科特迪瓦是主要电力负荷中心，三国用电需求占比高达 80%。电源装机容量 2263 万千瓦，其中火电装机容量占比 76%。西部非洲年人均用电量 155 千瓦时，人均装机容量 0.06 千瓦，约为非洲平均水平的三分之一。

未来，随着铝、钢铁、锰矿等矿产加工业快速发展和汽车、机械、纺织等工业园区的建设，电力需求将保持高速增长。预计 2030 年，西部非洲总用电量将达到 3400 亿千瓦时，其中矿业新增用电量 970 亿千瓦时，最大负荷 6215 万千瓦；2050 年，总用电量将达到 9910 亿千瓦时，其中矿业新增用电量 3100 亿千瓦时，最大负荷 1.67 亿千瓦。西部非洲电力需求变化趋势如图 4.12 所示。

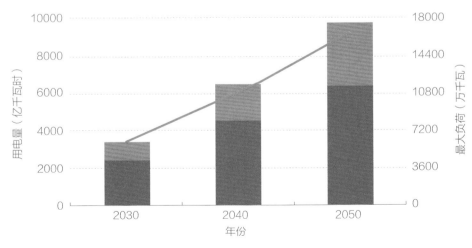

图 4.12 西部非洲电力需求变化趋势

西部非洲太阳能、生物质能、油气资源丰富，水能资源较为丰富，风能资源一般。电源发展思路为：优先开发区内清洁能源、适度发展气电，实现清洁主导，水电、太阳能发电和气电互补协同发展。2030 年，西部非洲装机容量 9600 万千瓦，其中火电 3700 万千瓦、太阳能发电 2900 万千瓦；2050 年装机容量 2.5 亿千瓦，其中太阳能发电 1 亿千瓦，火电 7700 万千瓦。

西部非洲丰水期和枯水期都存在较大电力缺额，2030、2040、2050 年分别为 1600 万、3200 万、4000 万千瓦，可以受入刚果河下游水电满足快速增长的用电需要。西部非洲电力平衡情况见表 4.6。

表 4.6　西部非洲电力平衡情况　　　　　　　　　　　　　万千瓦

水平年	最大负荷	装机容量	丰水期		枯水期	
			可用容量	电力缺额	可用容量	电力缺额
2030	6215	9580	5950	1200	5550	1600
2040	10740	15600	9750	2600	9150	3200
2050	16700	25030	15750	3450	15200	4000

西部非洲电能消纳重点国家为尼日利亚、几内亚和加纳，2050 年三国占西部非洲用电量比重分别为 44%、16% 和 13%。

● **尼日利亚**是非洲第一大经济体和人口第一大国，发展基础良好、产业结构完整，油气、农业、轻工业等产业发达，矿产和劳动力资源丰富，2030 年和 2050 年电力缺口分别为 800 万千瓦和 1200 万千瓦，负荷主要集中在南部拉各斯、洛科贾等工业园区。

● **几内亚**铝矾土储量世界第一、铁矿资源丰富且品位高，具备大规模发展电解铝、钢铁产业的潜力，国内水电技术可开发量 600 万千瓦，难以满足工业发展长期电力需求，2030 年和 2050 年电力缺口分别为 800 万千瓦和 1600 万千瓦，负荷主要集中在博凯、博法铝产业园区和西芒杜钢铁产业园区。

● **加纳**是西部非洲目前整体发展水平最高的国家之一，铝矾土和锰矿资源丰富，国内清洁能源资源较为有限，2030 年前供需基本自平衡、2050 年前电力缺口 500 万千瓦，负荷主要集中在阿瓦索、尼纳欣铝产业园区。此外，邻国科特迪瓦也是西部非洲重要的电力负荷中心，2050 年前电力缺口约 300 万千瓦。

南部非洲总人口 1.7 亿人，占非洲总人口的 15%，GDP 为 5969 亿美元，占非洲总量的 26%。2016 年，南部非洲用电量 2466 亿千瓦时，最大负荷 4780 万千瓦，南非是主要电力负荷中心，用电量占比近 80%。电源装机容量 6355 万千瓦，其中火电装机容量占比 73%。南部非洲整体发展水平较高，年人均用电量 1240 千瓦时，约为非洲平均水平的 2.6 倍；区内发展阶段差异巨大，南非是非洲电力工业最发达的国家，其余国家电能消费水平较低。

未来，依托连接两洋的区位优势，统筹矿产发展和工业园区建设，重点发展钢铁、电解铝、精炼铜、汽车、化工等产业，打造赞比西河、大西洋沿岸和印度洋沿岸三大经济带，形成陆海联动发展新格局。预计 2030 年，南部非洲总用电量将达到 5350 亿千瓦时，其中矿业新增用电量 380 亿千瓦时，最大负荷 9340 万千瓦；2050 年，总用电量将达到 9650 亿千瓦时，其中矿业新增用电量 1370 亿千瓦时，最大负荷 1.74 亿千瓦。南部非洲电力需求变化趋势如图 4.13 所示。

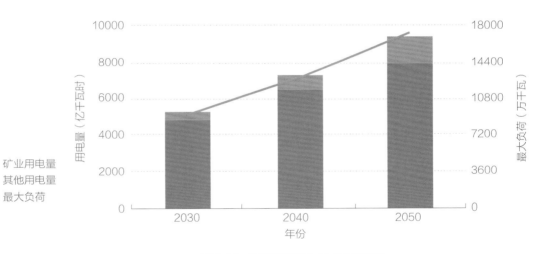

图 4.13　南部非洲电力需求变化趋势

南部非洲煤炭资源丰富，太阳能、水能、风能、生物质资源较为丰富。电源发展思路为：优先开发赞比西河、奥兰治河水电，大力发展纳米比亚、南非、莫桑比克太阳能发电和沿海风电，适度发展气电和煤电。2030 年，南部非洲装机容量 1.3 亿千瓦，其中火电 6330 万千瓦、太阳能发电 2850 万千瓦、水电 2500 万千瓦；2050 年装机容量 3.0 亿千瓦，其中太阳能发电 1.3 亿千瓦、火电 7280 万千瓦、水电 4400 万千瓦。

2030 年南部非洲丰水期略有盈余，枯水期电力缺额 800 万千瓦，2040 年和 2050 年分别存在 1300 万千瓦和 2100 万千瓦的电力缺额，具备受入刚果河下游水电的市场空间。南部非洲电力平衡情况见表 4.7。

水平年	最大负荷	装机容量	丰水期		枯水期	
			可用容量	电力缺额	可用容量	电力缺额
2030	9340	13200	10940	−200	9940	800
2040	13280	21830	15420	550	13970	1300
2050	17420	29650	19000	1000	17930	2100

表 4.7 南部非洲电力平衡情况　　万千瓦

南部非洲电能消纳重点国家为南非、安哥拉和赞比亚，2050 年三国占南部非洲用电量比重分别为 65%、12% 和 7%。

● **南非**是非洲经济最发达的国家之一，目前已处于工业化中期阶段，《2030 年国家发展规划》提出将加大在公路、铁路、港口、电力等基础设施领域投资，支撑经济快速发展，未来电量具有一定的增长空间，随着老旧煤电机组的逐步退役，2040 年后枯水期存在约 800 万千瓦的电力缺额。

● **安哥拉**铁矿储量较为丰富，《2018—2022 年国家发展规划》提出将采取措施减少对石油产业的依赖，可依托"电－矿－冶－工－贸"模式发展钢铁冶炼及加工产业，并就近受入刚果河下游水电基地稳定、廉价的电力，远期可受入约 200 万千瓦电力。

● **赞比亚**铜矿资源丰富，储量位居世界第四位。其北部与刚果（金）加丹加省交界地带是世界第三大铜矿区。赞比亚国内水电技术可开发量约 650 万千瓦，主要集中在南部地区，与负荷呈逆向分布且水电丰枯特性较为明显，2030 年前北部矿区存在约 300 万千瓦工矿业负荷。

东部非洲

东部非洲总人口 3.4 亿人，占非洲总人口的 28%，GDP 为 3867 亿美元，占非洲总量的 17%。2016 年，东部非洲用电量 400 亿千瓦时，最大负荷 850 万千瓦，苏丹、埃塞俄比亚、肯尼亚是主要电力负荷中心，三国用电量之和占比约 75%。电源装机容量 1360 万千瓦，其中水电装机容量占比 56%。东部非洲整体电力发展水平较低，年人均用电量 120 千瓦时，人均装机 0.04 千瓦，不到非洲平均水平的四分之一。

未来，通过打造红海经济带、印度洋经济带和东非大裂谷经济走廊，推动制造业、物流业、现代服务业等产业联动发展。预计 2030 年，东部非洲总用电量将达到 1220 亿千瓦时，最大负荷 2320 万千瓦；2050 年，总用电量达到 5000 亿千瓦时，最大负荷 9640 万千瓦。东部非洲电力需求变化趋势如图 4.14 所示。

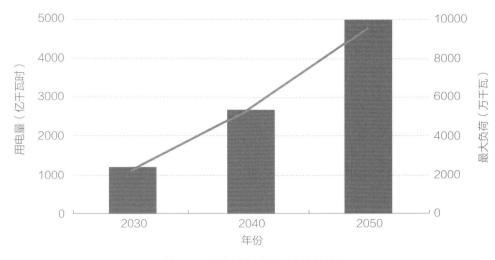

图 4.14 东部非洲电力需求变化趋势

东部非洲太阳能、水能、风能、地热能等多种清洁能源资源丰富。电源发展思路为：加快开发尼罗河上游、朱巴河、鲁菲吉河水电，大力发展北部太阳能发电、东非大裂谷地热能发电和东部风电，适度发展气电。2030 年，东部非洲装机容量 6530 万千瓦，其中水电 2520 万千瓦、太阳能发电 1860 万千瓦、地热发电 550 万千瓦；2050 年装机容量 2.3 亿千瓦，其中太阳能发电 1.1 亿千瓦、水电 5330 万千瓦，风电 2630 万千瓦、地热发电 1140 万千瓦。

2030、2040、2050 年东部非洲丰、枯水期均有电力盈余，分别为 400 万、1200 万、1000 万千瓦。东部非洲电力平衡情况见表 4.8。

表 4.8 东部非洲电力平衡情况　　　　　　　　　　　　　　万千瓦

水平年	最大负荷	装机容量	丰水期		枯水期	
			可用容量	电力缺额	可用容量	电力缺额
2030	2320	6530	3480	−800	3070	−400
2040	5460	16130	8080	−1800	7480	−1200
2050	9640	23000	12280	−1200	12080	−1000

东部非洲主力电源为光伏发电和季节性较强的水电，年利用小时数较低，为充分利用东部非洲已建成的跨区直流通道，提高通道利用效率，2050 年需受入电

量约 450 亿千瓦时,可跨区受入刚果河下游水电约 800 万千瓦,发挥刚果河下游水电的电量效益。2050 年后,随着东部非洲成为非洲制造业中心,电力电量缺口将进一步增大,具备受入更大规模刚果河下游水电的条件。

东部非洲电能消纳重点国家为埃塞俄比亚、坦桑尼亚和肯尼亚,2050 年三国占东部非洲用电量比重分别为 30%、20% 和 19%。

- **埃塞俄比亚**是近年来非洲发展最快的国家之一,劳动力优势明显、水能资源丰富,政府制订《经济增长与转型计划》,重点推动工业化、基础设施建设和农业发展。未来,随着复兴大坝、吉贝四期、曼达亚上游等大型水电站建成投运,埃塞俄比亚将成为东部非洲清洁发电基地,但由于国内水电季节性较强,2050 年前后枯水期存在电力和电量缺口。

- **坦桑尼亚**天然气资源丰富、人口增长较快,政府制定了《愿景 2025》规划,重点推动工业化发展,未来能源电力需求将保持快速增长。

- **肯尼亚**风、光、地热等清洁能源资源十分丰富,工业门类齐全、产业基础较好,未来可借助东部非洲中心的地理位置优势,成为东部非洲电网互联互通的枢纽。2050 年后受入刚果河下游水电,依托东部非洲统一电力市场,满足本国、邻国坦桑尼亚和整个东部非洲的电能需要。

北部非洲

北部非洲总人口 1.9 亿人,占非洲总人口的 16%,GDP 为 5907 亿美元,占非洲总量的 26%。2016 年,北部非洲用电量 2752 亿千瓦时,最大负荷约 6000 万千瓦;埃及是主要电力负荷中心,用电量占 59%。电源装机容量 8786 万千瓦,其中火电装机容量占比 91%。北部非洲整体发展水平较高,人均用电量 1450 千瓦时 / 年,人均装机容量 0.46 千瓦,均为非洲平均水平的近三倍。

未来,依托以道路、电网、港口群和机场群为主体的空间网络,构建三大经济发展轴带,促进各区域协同发展,深度参与全球价值链,北部非洲将成为亚欧非三大洲能源、物流枢纽。预计 2030 年,北部非洲总用电量将达到 6630 亿千瓦时,最大负荷 1.23 亿千瓦;2050 年,总用电量达到 11700 亿千瓦时,最大负荷 2.15 亿千瓦。北部非洲电力需求变化趋势如图 4.15 所示。

统筹清洁能源开发条件和欧洲市场需求,电源发展思路为:大力开发撒哈拉太阳能

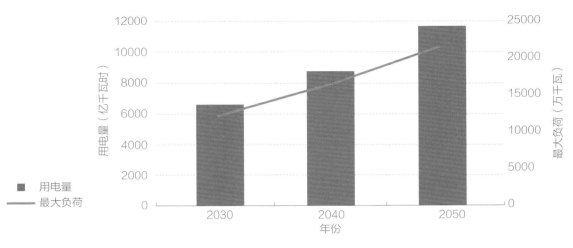

图 4.15　北部非洲电力需求变化趋势

发电和大西洋、地中海、红海沿岸风电，促进电源结构低碳、清洁转型，适度发展气电、配备一定规模储能，满足大规模跨洲外送和负荷调峰的需求。2030 年，北部非洲装机容量 1.83 亿千瓦，其中火电 1.2 亿千瓦、太阳能发电 4800 万千瓦；2050 年装机容量 3.71 亿千瓦，其中太阳能发电 2.07 亿千瓦、火电 1.21 亿千瓦。

2030、2040、2050 年北部非洲均有电力盈余，分别为 800 万、2000 万、1800 万千瓦。北部非洲电力平衡情况见表 4.9。

表 4.9　北部非洲电力平衡情况　　　　　　　　　　　　　　万千瓦

水平年	最大负荷	装机容量	可用容量	电力缺额
2030	12340	18300	15000	−800
2040	16540	29700	21000	−2000
2050	21500	37100	26500	−1800

北部非洲未来油气化石能源发电占比快速下降，将逐步形成以太阳能为主的高比例清洁能源发电结构。由于太阳能、风能等清洁能源发电具有间歇性和随机性，对北部非洲地区自身供电来说，系统需要具备较高的调峰能力；对外送欧洲输电通道来说，仅外送光伏发电和风电，输电通道的利用率将无法得到保证，受入一定规模的刚果河下游水电，实现水、风、光跨时空多能互补互济，联合送电欧洲，将更有利于北部非洲电力系统的安全运行和输电通道的高效利用。

北部非洲电能消纳重点国家为埃及、阿尔及利亚、摩洛哥，2050 年三国占北部非洲用电量比重分别为 64%、17%、13%，且均是太阳能发电装机比例较高、跨地中海送电欧洲规模较大的国家。

- **埃及**是阿拉伯地区和非洲的发展中大国和新兴经济体代表，在国际和地区事务中的影响不断上升。其地理位置优越、工业基础在非洲领先、国际贸易条件便利、生产要素成本低廉、人力资源充足，政府制定《2030 愿景》战略，致力建设善于创新、注重民生、可持续发展的新埃及。埃及能源电力需求将长期保持较快增长，2050 年后随着负荷增长和太阳能发电装机比例的进一步增加，将存在较大规模的电力和电量缺口。

- **阿尔及利亚**太阳能资源丰富，向欧洲大陆输送太阳能电力意愿强烈，未来规划多回跨地中海输电通道。

- **摩洛哥**太阳能、风能资源丰富，是非洲光伏发电、光热发电、风电装机最多的国家之一。未来可借助隔直布罗陀海峡与欧洲大陆相望，跨海距离较短的地理位置优势，摩洛哥 2050 年前受入刚果河下游水电，依托北部非洲 1000 千伏交流骨干输电通道进行疏散，使得北非互联电力系统成为水、风、光多能互补联合调节平台，提高摩洛哥、阿尔及利亚等国跨地中海输电通道的利用效率。

4.4
总体外送方案

4.4.1 电力外送格局

根据非洲各区域发展定位、电力平衡情况及各国消纳需求，远近结合，统筹协调，合理确定区内、跨区外送的规模。刚果河干流上游及支流水电装机容量超过 3000 万千瓦，主要就近送电刚果（金）、刚果（布）、喀麦隆、中非等刚果河流域国家。2060 年前，刚果河下游水电基地开发完毕，刚果（金）、刚果（布）两国留存 2200 万千瓦，喀麦隆等周边国家受电 300 万千瓦，跨区外送容量可达 8500 万千瓦。

从下游水电基地跨区送电方向看，西部非洲受电约 3600 万千瓦，主要受电国家为尼日利亚、几内亚、加纳；南部非洲受电约 1300 万千瓦，主要受电国家为赞比亚、安哥拉、南非；东部非洲受电约 1600 万千瓦，主要受电国家为埃塞俄比亚、肯尼亚；北部非洲受电约 2000 万千瓦，送电埃及、摩洛哥后与本地太阳能发电联合调节后送电欧洲。

统筹考虑刚果河下游水电开发进度和各国受电需求，**2030 年前**，刚果河下游水电基地装机规模约 2980 万千瓦，本地消纳 1080 万千瓦，区内配置 300 万千瓦，跨区外送约 1600 万千瓦，主要送电西部非洲和南部非洲。送电西部非洲 1200 万千瓦，其中几内亚 800 万千瓦、尼日利亚 400 万千瓦；送电南部非洲赞比亚 300 万千瓦、安哥拉 100 万千瓦。

2040 年前，刚果河下游水电基地装机规模约 5400 万千瓦，本地消纳 1800 万千瓦，区内配置 300 万千瓦，跨区外送规模增至约 3300 万千瓦，主要送电西部非洲和南部非洲。送电西部非洲 2800 万千瓦，新增尼日利亚 800 万千瓦、加纳 800 万千瓦；送电南部非洲增至 500 万千瓦。

2050 年前，刚果河下游水电基地装机规模约 9500 万千瓦，其中本地消纳 2400 万千瓦，区内配置 400 万千瓦，跨区外送约 6700 万千瓦，新增送电北部非洲和东部非洲。送电西部非洲增至 3600 万千瓦，新增几内亚 800 万千瓦；送电南部非洲 1300 万千瓦，新增南非 800 万千瓦；送电东部非洲埃塞俄比亚 800 万千瓦，送电北部非洲摩洛哥 1000 万千瓦。

2060 年前，跨区外送总规模约 8500 万千瓦，新增送电北部非洲埃及 1000 万千瓦、东部非洲肯尼亚 800 万千瓦。

刚果河水电开发与外送情况见表 4.10；远期刚果河水电跨区电力外送规模示意如图 4.16 所示。

表 4.10　刚果河水电开发与外送情况　　　　　　　　万千瓦

水平年	装机容量	本地消纳	区内配置	外送规模	送电方向
2016	178	178	0	0	—
2030	2980	1080	300	1600	西部、南部非洲
2040	5400	1800	300	3300	西部、南部非洲
2050	9500	2400	400	6700	西部、南部、北部、东部非洲
2060	11000	2200	300	8500	西部、南部、北部、东部非洲

图 4.16　远期刚果河水电跨区电力外送规模示意图

4.4.2 输电方式及方案

中部非洲电网基础设施薄弱、网架覆盖程度很低、互联互通处于起步阶段，刚果河下游水电基地距离中部非洲区内及邻近国家负荷中心约 300~500 千米，区域内宜采用交流输电方式，发挥交流输电电力接入、传输和消纳十分灵活的特点。同时，在区内采用交流输电，不仅能满足刚果河下游水电外送的需要，还可以促进中部非洲跨国电力互联。

刚果河下游水电跨区外送规模大、远期将达 8500 万千瓦，距离远、输电距离在 2000~4500 千米，最远送电北部非洲，距离达到 6000 千米。跨区远距离、大容量送电，通过交流输电方式，技术难度大，远距离、长链式交流互联安全稳定问题突出，且经济上也不可行，宜采用直流输电方式。

中国近年来大力发展特高压交直流输电技术，已建成"八交十四直" 22 项工程，在建"六交三直" 9 项工程，投运在建线路总长度 4.3 万千米，变电（换流）容量 4.3 亿千瓦，跨区输电能力 1.4 亿千瓦。实践经验表明，利用特高压直流技术远距离输送大量电能可以有效节约建设成本及输电走廊，经济性较好，且为后续开发预留不可再生的输电走廊资源。

刚果河下游水电跨区外送采用超 / 特高压直流输电技术，结合输电容量和距离，直流配置方案考虑：±660 千伏、400 万千瓦，±800 千伏、800 万千瓦和±1100 千伏、1000 万千瓦。

根据刚果河下游水电送电范围和规模，区内及安哥拉通过 765/400 千伏交流电网和超高压直流就近送电负荷中心。跨区通过 11 回超 / 特高压直流输电通道向非洲各区域送电。远期刚果河下游水电总体外送格局示意如图 4.17 所示。

图 4.17 远期刚果河下游水电总体外送格局示意图

4.5
工程建设时序

4.5.1 电站建设时序分析

刚果河下游水电基地：大英加水电站规模巨大、经济性好，适宜优先开发，分期实施，在目前大英加 1 期、2 期水电站基础上，考虑后续按照 4 期开发，每期结合市场需求分步实施，实现供需协同和建设时序有效衔接。马塔迪水电站利用水头 30 米，受水头制约单机容量较小、台数多，厂房尺寸较大，经济指标相比皮奥卡水电站较差。综合工程经济性、界河水电分配等因素，考虑优先开发大英加水电站，分期实施，2050 年前开发完毕；同时开发皮奥卡水电站，分期实施，2050 年开发完毕；最后开发马塔迪水电站，2060 年前开发完毕。刚果河下游水电基地建设时序如图 4.18 所示。

刚果河中上游及支流水电：干流上游及卢阿拉巴河距离刚果（金）南部、东部矿区较近，近中期电力负荷需求较大，宜统筹考虑下游水电开发与外送时序，选择开发建设条件较好的水电项目优先开发；开赛河、桑加河周边城镇近中期负荷需求较小、远期负荷需求逐步增加，且部分河段为界河，考虑根据负荷增

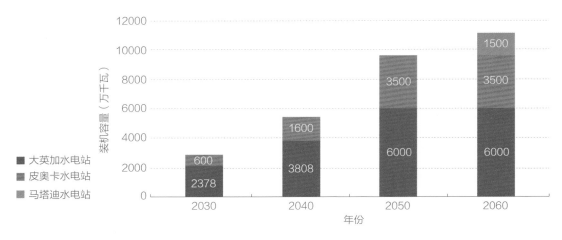

图 4.18　刚果河下游水电基地建设时序

长情况合理有序开发；乌班吉河沿岸人口较为稀疏、负荷需求较小，且干流大部分河段为界河，宜考虑航运需求综合开发。

4.5.2 分阶段输电方案

刚果河下游水电主要采用超／特高压直流技术，直接送电区域内及非洲其他区域矿产冶炼、加工等大负荷中心。干流上游及卢阿拉巴河水电主要送电加丹加省等南部经济特区，宜采用 400 千伏输电通道汇集后，接入刚果（金）南部 765 千伏主网架进行疏散；开赛河及其支流水电主要定位于满足西开赛省、东开赛省等中部经济特区电力需求，宜采用 220 千伏输电通道直接送电卡南加、基奎特等大型城镇；桑加河及其支流水电主要满足刚果（布）北部韦索经济特区和喀麦隆南部用电需求，可围绕肖莱水电站开发，建设刚果（布）—喀麦隆 400 千伏交流输电通道，并利用 110 千伏交流输电通道汇集中小水电；乌班吉河水电主要满足刚果（金）北部和中非用电需求，可采取 110 千伏交流汇集后直接送电班吉等大型城镇。

下面重点分析刚果河干流下游三级水电站电力外送输电工程建设时序。

2030 年前外送输电方案

区内重点建设刚果（金）大英加—刚果（布）黑角直流输电工程，以及大英加东西输电走廊、大英加—马塔迪—索约—黑角、皮奥卡—黑角 3 个交流输电工程；跨区重点建设大英加—卢本巴希—赞比亚、大英加—几内亚、皮奥卡—尼日利亚共 3 回直流输电工程，跨区直流输电容量 1500 万千瓦。

刚果（金）大英加—刚果（布）黑角直流输电工程，将大英加水电送至黑角工业园区，线路长度 400 千米，采用 ±500 千伏直流，输电容量 300 万千瓦。

刚果（金）大英加东西交流输电走廊，将英加 3 期水电站水电送至刚果（金）首都金沙萨、南部矿区及沿途负荷中心消纳，支撑大英加至南部矿区直流运行安全性，实现刚果（金）国内两大区域电网同步互联，也是中部非洲南部输电走廊重要组成部分，线路长度约 2200 千米，采用 765 千伏交流，输电能力约 400 万千瓦。

大英加—马塔迪—索约—黑角交流输电工程，将英加 3 期水电站水电送至刚果（金）马塔迪、巴纳纳港及安哥拉北部负荷中心，满足大西洋沿海产业园区发展电能需要，提升黑角矿产加工园区供电可靠性，线路长度约 450 千米，采用 400 千伏交流，输电能力约 200 万千瓦。

皮奥卡—黑角交流输电工程，将皮奥卡水电站水电送至刚果（布）黑角经济特区，满足区内电解铝、钢铁、临港加工等产业，线路长度约 300 千米，采用 2 回 765 千伏交流。英加 3 期水电站、皮奥卡水电站区内送电方案示意如图 4.19 所示。

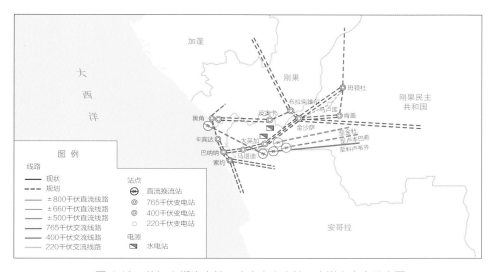

图 4.19　英加 3 期水电站、皮奥卡水电站区内送电方案示意图

大英加—卢本巴希—赞比亚直流输电工程，将大英加水电站水电送至刚果（金）南部卢本巴希铜、钴产业园区及赞比亚铜产业园消纳，线路长度约 4500 千米，拟采用 ±800 千伏特高压三端直流技术，输电容量 800 万千瓦，其中至卢本巴希 500 万千瓦、至卢萨卡 300 万千瓦，年输电量 480 亿千瓦时。

大英加—几内亚直流输电工程，将大英加水电站水电送至几内亚东部铁矿区和西部铝土矿区消纳，线路长度约 4500 千米，采用 ±800 千伏特高压三端直流技术，输电容量800万千瓦，年输电量480亿千瓦时。

皮奥卡—尼日利亚直流输电工程，将皮奥卡水电站水电送至尼日利亚经济中心拉各斯消纳，满足拉各斯钢铁、工程机械、汽车产业发展电能需要，线路长度约2000千米，采用±660千伏超高压直流技术，输电容量400万千瓦，年输电量240亿千瓦时。2030年前刚果河下游水电外送工程示意如图4.20所示。

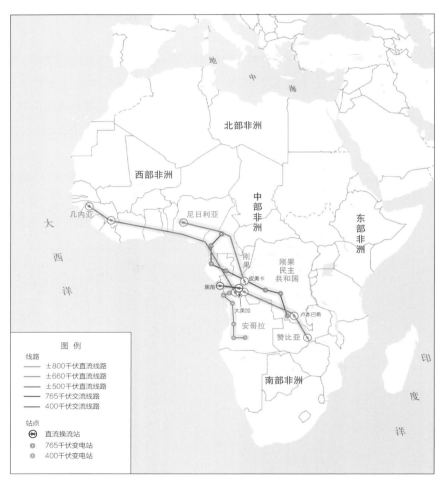

图 4.20   2030 年前刚果河下游水电外送工程示意图

2040 年前外送输电方案

区内重点建设大英加—金杜直流输电工程；跨区重点建设大英加—尼日利亚、皮奥卡—加纳2回直流输电工程，跨区直流外送工程累计达到5回，输电容量约3100万千瓦。

大英加—金杜直流输电工程，将大英加水电站水电送至金杜市，经刚果（金）400千伏主网架疏散电力，满足东北部金杜、基桑加尼经济特区用电需要，线路长度约 1500 千米，采用 ±660 千伏超高压直流技术，输电容量 400 万千瓦，年输电量 240 亿千瓦时。

大英加—尼日利亚直流输电工程，将大英加水电站水电送至尼日利亚东部贝宁城，经尼日利亚 765/330 千伏主网架疏散电力，为洛科贾钢铁产业园、阿巴纺织业产业园及埃努古工程机械产业园供电，线路长度约 2000 千米，采用 ±800 千伏特高压直流技术，输电容量 800 万千瓦，年输电量 480 亿千瓦时。

皮奥卡—加纳直流输电工程，将皮奥卡水电站水电送至加纳库马西，经西部非洲 765 千伏东西输电通道疏散电力，为阿瓦索、尼纳欣电解铝产业园及科特迪瓦钢铁产业园供电，线路长度约 2800 千米，采用 ±800 千伏特高压直流技术，输电容量 800 万千瓦，年输电量 480 亿千瓦时。2040 年前刚果河下游水电外送工程示意如图 4.21 所示。

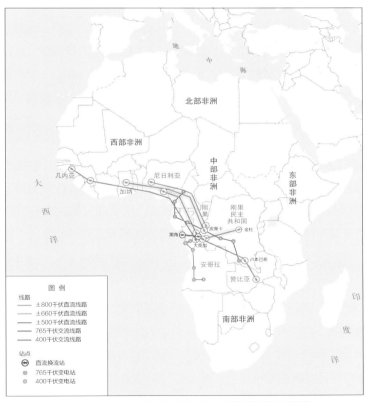

图 4.21　2040 年前刚果河下游水电外送工程示意图

2050 年前外送输电方案

重点建设大英加—南非、大英加—摩洛哥、皮奥卡—几内亚、皮奥卡－埃塞俄比亚共 4 回直流输电工程。跨区直流外送工程累计达到 9 回，输电容量约 6500 万千瓦。

大英加—南非直流输电工程，将大英加水电站水电送至南非开普敦消纳，为石化、机械制造产业园区供电，满足南非南部地区煤电机组陆续退役后的电能需要，线路长度约3800千米，采用 ±800 千伏直流，输电容量800万千瓦，年输电量480亿千瓦时。

大英加—摩洛哥直流输电工程，将大英加水电站水电送至摩洛哥扎格，线路长度约6500千米，采用 ±1100 千伏特高压直流技术，输电容量1000万千瓦，摩洛哥本地消纳200万千瓦，剩余800万千瓦通过摩洛哥—西班牙直流输电工程、阿尔及利亚—法国—德国直流通道与北部非洲太阳能发电基地电力联合送电欧洲。

皮奥卡—几内亚直流输电工程，将皮奥卡水电站水电送至几内亚博凯，为博凯电解铝产业园供电，满足几内亚4000万吨氧化铝、600万吨电解铝产能需要，线路长度约4500千米，拟采用 ±800 千伏直流，输电容量800万千瓦，年输电量480亿千瓦时。

皮奥卡—埃塞俄比亚直流输电工程，将皮奥卡水电站水电送至埃塞俄比亚的亚的斯亚贝巴，经东部非洲765千伏南北输电通道疏散电力，发挥刚果河下游水电电量效益，满足东部非洲远期制造业发展电能需要、提高东部非洲已建成的输电通道利用效率，线路长度约4000千米，采用 ±800 千伏特高压直流技术，输电容量800万千瓦，年输电量480亿千瓦时。2050年前刚果河下游水电外送工程示意如图4.22所示。

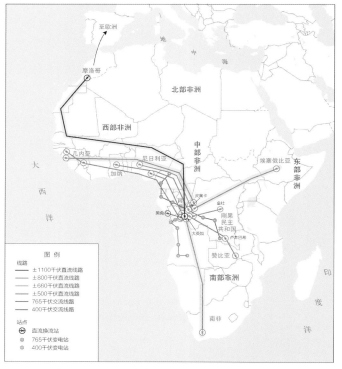

图 4.22　2050 年前刚果河下游水电外送工程示意图

重点建设马塔迪—埃及、马塔迪—肯尼亚等 2 回直流输电工程。跨区直流外送工程累计达到 11 回，总输电容量约 8300 万千瓦。

马塔迪—埃及直流输电工程，将马塔迪水电站水电送至埃及明亚，与明亚、阿斯旺太阳能发电基地电力跨时空互补互济，满足埃及远期发展电能需要，线路长度约 5500 千米，采用 ±1100 千伏特高压直流技术，输电容量 1000 万千瓦，年输电量 600 亿千瓦时。

马塔迪—肯尼亚直流输电工程，将马塔迪水电站水电送至肯尼亚内罗毕，经东部非洲 765/400 千伏网架疏散，为肯尼亚和坦桑尼亚远期发展提供电能保障，线路长度约 3100 千米，采用 ±800 千伏直流技术，输电容量 800 万千瓦，年输电量 480 亿千瓦时。2060 年前刚果河下游水电外送工程示意如图 4.23 所示。

图 4.23　2060 年前刚果河下游水电外送工程示意图

5 工程投资估算及经济性分析

5.1
投资估算

刚果河下游水电开发与外送工程投资包括电源开发建设投资与外送输电通道建设投资。以皮奥卡水电站装机容量 3500 万千瓦、大英加水电站装机容量 6000 万千瓦和马塔迪水电站装机容量 1500 万千瓦为代表，初步分析投资规模及经济性。

水电站投资

根据工程地质条件、工程规模、枢纽布置等情况，类比国内相似工程，同时参考本地水电工程造价水平进行估算，考虑水电站规模巨大，地质条件、布置方式等因素对工程投资产生较大影响，本次投资估算中仅给出初步的投资范围。

输电投资

特高压工程主要参考中国、巴西同类工程造价进行测算，并根据非洲相关国家类似工程造价情况进行适当调整。

各电压等级直流输电工程投资测算参数见表 5.1。

表 5.1   各电压等级直流输电工程投资测算参数

工程类别	换流站（美元 / 千瓦）	线路（万美元 / 千米）
±660 千伏直流	119	52
±800 千伏直流	126	90
±1100 千伏直流	108	111

经测算，刚果河下游水电站开发及输电工程合计总投资 2190 亿~2460 亿美元，其中水电站投资 1400 亿~1670 亿美元，占比约 65%；输电工程投资 790 亿美元，占比约 35%。刚果河下游梯级水电工程投资规模见表 5.2。

表 5.2   刚果河下游梯级水电工程投资规模

工程名称	投产规模（万千瓦）	电站投资（亿美元）	输电投资（亿美元）	投资合计（亿美元）
皮奥卡水电站	3500	550~700	235	785~935
大英加水电站	6000	580~640	385	965~1025
马塔迪水电站	1500	270~330	170	440~500
合计	11000	1400~1670	790	2190~2460

5.2
电价测算

5.2.1 上网电价

根据水电工程投资、电站运行维护成本、当地财税政策，考虑合适的资本金比例、收益率水平、贷款利率及偿还贷款要求，进行上网电价测算，主要参数见表5.3。

表 5.3　刚果河下游梯级水电站上网电价测算参数

项目		参数	备注
上网电量	系统弃水率（%）	2	结合受电市场预估
	厂用电率（%）	2	
经营成本	折旧年限（年）	30	
	电站修理费占比（%）	0.5	占总投资比例
	保险占比（%）	0.25	占总投资比例
	其他（美元/千瓦）	5	
项目融资	资本金比例（%）	20	
	长期贷款利率（%）	6	重要影响因素，积极争取优惠贷款
财税	增值税率（%）	5	重要影响因素，需要国家给予优惠财税政策
	所得税率（%）	10	
收益水平	资本金内部收益率（%）	12	国际水电项目基本水平

上网电价估算结果：

皮奥卡水电站　装机容量3500万千瓦，工程静态投资约550亿~700亿美元，上网电价4.2~5.2美分/千瓦时。

大英加水电站　装机容量6000万千瓦，工程静态投资约580亿~640亿美元，上网电价3~3.5美分/千瓦时。

马塔迪水电站　装机容量1500万千瓦，工程静态投资约270亿~330亿美元，上网电价4.8~5.7美分/千瓦时。

刚果河下游梯级水电站主要经济指标见表 5.4。

表 5.4　刚果河下游梯级水电站主要经济指标

电站名称	装机容量（万千瓦）	静态投资（亿美元）	单位千瓦投资（美元/千瓦）	单位电能投资（美元/千瓦时）	上网电价（美分/千瓦时）
皮奥卡水电站	3500	550~700	1530~1940	0.246~0.314	4.2~5.2
大英加水电站	6000	580~640	970~1070	0.150~0.166	3~3.5
马塔迪水电站	1500	270~330	1800~2200	0.295~0.360	4.8~5.7

5.2.2　输电价格

刚果河下游水电外送工程输电价测算主要参数见表 5.5。

表 5.5　刚果河下游水电外送工程输电价测算主要参数

测算参数	数值
工程利用小时数（小时）	6200
工程运营期（年）	30
资本金比例（%）	20
贷款利率（%）	6
内部收益率（%）	15

输电价估算结果：

刚果河下游水电基地送电西部非洲输电价 1.3~2.5 美分/千瓦时，送电南部非洲输电价 1.5~2.0 美分/千瓦时，送电东部非洲输电价 1.7~2.1 美分/千瓦时，送电北部非洲输电价 2.3~2.6 美分/千瓦时。

刚果河下游各水电外送工程输电价测算见表 5.6。

表 5.6　刚果河下游各水电外送工程输电价测算

外送工程	电压等级（千伏）	线路长度（千米）	投资规模（亿美元）	建成时间（年份）	输电电价（美分/千瓦时）
大英加—科鲁阿内—林桑（几内亚）	±800	4500	87	2030	2.5
大英加—卢本巴希—卢萨卡（赞比亚）	±800	2200	57	2030	1.5
大英加—贝宁城（尼日利亚）	±800	2000	49	2040	1.3
大英加—开普敦（南非）	±800	3800	70	2050	2.0
大英加—扎格（摩洛哥）	±1100	6500	122	2050	2.6
皮奥卡—拉各斯（尼日利亚）	±660	2000	26	2030	1.4
皮奥卡—库马西（加纳）	±800	2800	59	2040	1.6
皮奥卡—亚的斯亚贝巴（埃塞俄比亚）	±800	4000	72	2050	2.1
皮奥卡—博凯（几内亚）	±800	4500	78	2050	2.3
马塔迪—明亚（埃及）	±1100	5500	108	2060	2.3
马塔迪—内罗毕（肯尼亚）	±800	3100	62	2060	1.7

5.3
竞争力分析

根据水电站上网电价和输电电价测算到网电价，并与送电目标市场电源平均电价水平进行比较，分析水电送出竞争力。

集中开发刚果河下游水电，能够充分发挥刚果河巨大的资源优势，有效摊薄全周期投资、建设与运营成本，送端上网电价水平低、输电通道利用小时数高，电价具有较强竞争力，到网电价比目标市场电源平均电价低约 2~5 美分 / 千瓦时。

送电西部非洲到网电价 4.1~7.7 美分 / 千瓦时，电价差 2~6 美分 / 千瓦时。以大英加—科鲁阿内—林桑（几内亚）三端直流工程为例，按大英加上网电价约 3.3 美分 / 千瓦时计算，输电价约 2.5 美分 / 千瓦时，到网电价为 5.8 美分 / 千瓦时，几内亚本地水电上网电价约 10 美分 / 千瓦时，电价差超过 4 美分 / 千瓦时。

送电南部非洲到网电价约 4.3~5.3 美分 / 千瓦时，电价差 2~5 美分 / 千瓦时；送电东部非洲到网电价 5.9~7.4 美分 / 千瓦时，电价差 2~5 美分 / 千瓦时；送电北部非洲到网电价 5.4~8 美分 / 千瓦时，电价差 2~5 美分 / 千瓦时。

6.1
经济效益

实现清洁永续可靠的能源电力供应。刚果河水能资源丰富，理论蕴藏量达到 2.38 万亿千瓦时 / 年，特别是干流下游水电基地开发条件优越，全部建成后年发电量可达 6900 亿千瓦时，是 2016 年非洲总用电量的 1.1 倍。到 2050 年，刚果河下游水电基地年发电量约 6000 亿千瓦时，将占非洲总发电量的 14%，占非洲清洁能源总发电量的 21%。加快刚果河下游水电规模化高效开发，也将发挥水电"调节器"作用，支撑高比例风电、太阳能发电等并网安全运行，实现清洁能源多能互补，将以清洁和绿色方式满足非洲经济社会发展的能源电力需求，助力非洲摆脱对化石能源的依赖，实现能源清洁永续供应。

拉动经济增长。刚果河水电开发及下游水电基地外送将有力带动电力、采矿、冶炼、加工、国际贸易等产业发展，打造非洲经济增长新引擎。刚果河下游水电基地开发与外送合计投资约 2190 亿~2460 亿美元，有力拉动区域经济增长。在充足电能保障下，非洲电解铝产量可达 2500 万吨，钢铁产量可达 4 亿吨，矿产加工行业总产值将超过 4800 亿美元，助力非洲实现工业化。

降低发展成本。刚果河水电特别是下游水电规模化、集约化开发优势明显，可以有效降低非洲平均供电成本。刚果河下游水电上网电价 3~5.7 美分 / 千瓦时，其中大英加水电仅 3~3.5 美分 / 千瓦时，跨区外送到网电价比目标市场电源平均电价低 2~5 美分 / 千瓦时，每年可减少电费超过 200 亿美元，效益显著。

增加创汇。刚果河下游水电通过跨国、跨区、跨洲输电通道外送，将显著扩大电力进出口贸易规模。2050 年，进出口贸易将实现创汇超过 170 亿美元。依托"电 – 矿 – 冶 – 工 – 贸"联动发展，刚果河下游廉价、可靠水电将助力非洲国家逐渐减少原矿出口，大幅提高电解铝、铝型材、不锈钢等矿产制成品出口。2050 年，非洲地区整体矿产制成品出口总额将超过 1000 亿美元。

6.2
社会效益

消除无电人口。当前，非洲电力普及率仅为 52%，尚有 6 亿无电人口，刚果（金）是世界上无电人口数第三多的国家。随着刚果河水电大规模开发、平均电价大幅下降，到 2050 年，基本消除无电人口。未来，非洲人人都能用得上、用得起绿色、清洁、低价、可靠的电力，可以享受现代电力文明成果，根本解决能源贫困问题。

改善健康。二氧化硫、氮氧化物和细颗粒物是主要的空气污染物。这些污染物绝大多数来源于能源生产和使用，主要是化石燃料和生物质的燃烧。刚果河下游水电大规模开发与外送，将有效降低化石能源生产和使用带来的污染问题，大幅减少因能源造成的污染引发的疾病和死亡人数。

带动就业。刚果河水电大规模开发与外送涉及水电开发、电网建设、电工装备、电能替代、智能技术、新型材料、信息通信等诸多领域，同时支撑采矿、冶炼、加工等大型工业发展，可有力带动就业。到 2050 年，可累计新增超过 1500 万个就业岗位。

摆脱贫困。刚果河流域国家经济发展相对滞后，刚果河水电工程的建设不仅能够将水电资源优势转化为经济优势，有力带动经济发展，还能够起到防洪减灾的作用；发展灌溉、旅游、渔业等能够实现居民经济收入的增加和生态环境的改善，根本解决经济发展失衡和贫困问题。

6.3
环境效益

减少环境污染。随着化石能源开发利用规模的大幅下降，在开采、加工、运输、存储、燃烧等过程中带来的空气和地下水污染、地质破坏、陆地和海洋生态破坏将日益减轻，可减排二氧化硫 180 万吨/年、氮氧化物 200 万吨/年、细颗粒物 40 万吨/年，生态环境将得到保护和恢复。

减少温室气体排放。刚果河水电开发将大大减少化石能源产生的温室气体排放。到 2050 年，刚果河下游水电基地年发电量达到 6000 亿千瓦时，相当于每年减少排放二氧化碳 5.5 亿吨。

7 投融资机制及保障措施

刚果河水电开发和外送项目具有资金需求大、参与国家多、建设周期长、经济社会效益显著等特点。长期以来由于缺信用、缺保障,非洲开展大规模基础设施建设普遍存在融资难、启动难的情况。通过"电－矿－冶－工－贸"联动开发,以统一规划为先导,以相关国家协同合作为支撑,依托多边机构协调资源,优化投融资结构,推动能源、金融企业机构等多元主体共同参与项目实施。

7.1
投融资机制

"电－矿－冶－工－贸"联动发展模式形成了发输电、矿冶、工业园、贸易等具有国际化、商业化特征的产业项目集群。

发电环节以公私合营模式,整合设计、建设、投资、运营各阶段全周期运作,获得电力销售收入。

输电环节以公私合营模式如建设—拥有—移交(BOT)、建设—拥有—运营—移交(BOOT)、建设—拥有—运营(BOO)等方式,参与电力传输,获得购售电价差或输电费收入。

矿冶环节通过与政府签订协议获得特许权,开展采矿、粗加工等活动,主要在当地销售及出口获得收入。

工业园环节通过发挥非洲劳动力、土地等资源优势,在当地进行冶炼及深加工,健全当地工业体系。将初级矿产加工成工业产品获得附加值收入。

贸易环节主要将非洲从原材料出口贸易为主的现状,逐步升级为工业品出口为主,极大提高非洲本土工业企业盈利能力和出口创汇能力,促进产业升级和再投资。各环节参与方包括政府、发输电企业、工程建设公司、矿冶企业、工业企业、投资机构、贸易公司等。

以"电－矿－冶－工－贸"联动发展模式为基础,刚果河水电开发和外送项目具有典型的国际化和商业化特征,可综合运用市场化融资方式,充分发挥各国政府、企业等积极性,吸引公共和私人资本。通过有效管理项目风险,实现风险在不同主体间的科学合理分担;通过推动多元化主体参与,优化投融资结构,合理利用资本市场金融工具,完善投融资机制,共同提升项目融资能力。

7.1.1 多元主体参与

刚果河水电开发与外送项目兼具经济效益和社会效益，项目开发需要各国政府部门、公共事业单位、产业机构等共同参与，同时联合多边政策性 / 开发性金融机构及商业化投资主体。利用各自优势，在项目推进各个阶段发挥最大效用。

项目规划阶段，项目开发商、投资人共同设计制定项目投融资结构。通过前期与政府部门、政策性 / 开发性金融机构的沟通，争取获得各项支持，如政府政策支持、优惠贷款等；通过设计与承包商、用电方签署完工协议、购电协议等商业合同，保障项目工程质量与购售电量。

项目开发阶段，项目开发商、政策性 / 开发性金融机构、商业投资机构共同参与项目融资评价与风险评估，合理搭建融资结构，落实资金配置。综合运用政策性 / 开发性金融机构的资金支持，带动商业机构投资，提高项目收益水平。

项目建设运营阶段，项目开发商、运营方通过与政府机构建立长期稳定关系，共同参与项目建设管理与审查，分析评估运营计划、系统规模和工作流程。项目投资机构需深入参与执行与监督，基于当前项目进程，按照合同约定的融资节点和财务指标，开展资金回收、再融资及成本结构调整等措施。

7.1.2 投融资结构优化

刚果河水电开发与外送项目需要搭建多层次投融资结构，主要包括股权融资、混合工具（如可转债）、债权融资三个层次，风险等级依次降低。由于不同渠道的资金成本、风险偏好及融资期限有所差异，优化融资结构需要充分考虑资金来源、项目周期、预期收益、信用保证机制等特性，同时注重政策性融资和市场化融资相结合。

项目开发商投入一定比例资本金，与公用事业部门及其他投资者共同作为股东参与投资。政策性 / 开发性金融机构通过提供优惠贷款、可转债等形式参与投资，分享收益、分担风险。由商业银行等市场化金融机构组成的银团联合体，通过商业贷款等债权融资方式参与投资。

7.1.3 资本市场金融工具使用

债券、资产证券化等金融产品目前在成熟资本市场应用广泛。刚果河水电开发和外送项目可探索运用该类资本市场金融工具获得更多资金支持。

刚果河水电及外送项目投资周期长，可重点考虑债券融资方式，以项目自身盈利能力为信用支撑筹集资金。针对水电开发，优先考虑发行绿色债券，降低债券发行成本。在项目成熟阶段，考虑再融资及资金流动需求，可运用资产证券化工具，以项目未来稳定现金流为基础，构建标准化收益型融资工具在资本市场流通，为项目早期投资者提供退出渠道，也将极大提升项目融资能力。

7.2
保障措施

电力产业发展、投融资政策、协调合作机制等是刚果河下游水电开发及外送项目各参与方重视的问题，政府、多边机构和项目实施主体应建立并完善相关保障措施，以顺利推进刚果河下游水电开发及外送项目。

7.2.1 政府方面

着力优化本国产业规划及政策

一是将本国产业发展规划与刚果河水电开发总体计划相结合，如将刚果河下游水电开发与外送纳入刚果（金）政府战略发展规划等。二是进一步开放电力市场，降低投资准入门槛。推动电价改革，优化电价结构，设计改革具体原则和方法。鼓励私营企业投资，制定和支持长期购电政策，推出积极的土地、移民及施工保护政策。不断完善本国上网电价机制等电力开发政策，促进各方高效合作。

积极完善金融投资政策

优化政府增信或担保机制，创新政府融资模式。改善政府税收结构，推出税收优惠政策，实现电力行业结构性减税。减少外汇管制，构建高效安全稳定的外汇交易制度。完善公私合营等项目开发合作机制，为政府、国有企业、私人投资者合作开发提供制度保障。

不断改善投资保护机制

建立健全投资者保护法律，有效保障投资主体资产安全。针对跨国项目投融资纠纷，制定国际投融资法律仲裁机制，逐步建立国际投资保险体系。

7.2.2 多边机构方面

协调构建区域合作机制

为推动刚果河下游水电开发及外送项目，多边机构利用商事机制，协调各国制定统一的贸易、关税等政策，推动人员、资产、劳务、资金等自由流动。完善投资保护和纠纷解决机制，加强项目风险评估和预警，建立投资债务违约救助机制，推动反腐败反商业贿赂等工作，实现区域内信用信息公开，促进项目顺利实施。

推动建立"照付不议"机制

长期购电协议等重要合同采用该机制，可增强发输电环节收入稳定性，保障矿冶环节的严格用电标准并提升成本可预期性，促进项目顺利实施。

统一区域投融资规则

多边机构协调各国使用或推动优化国际通用规则，如国际财务会计准则、投资保护与国际投资仲裁、银行业监管的巴塞尔协议等，用以指导项目投融资。当通用规则不符合当地实际情况时，多边机构可组织有关国家优化或发起创设新规则。

丰富政策性金融支持工具

多边机构利用技术及资金援助、项目前期准备基金、政策性贷款或其他创新性金融支持工具，促进项目前期开发，提升项目可融资性，带动私营资本投资。

本研究以刚果河水电大规模开发、优化配置和高效利用为目标，评估刚果河水能资源，研究分析刚果河下游水电梯级布置和电站开发方案，提出了电力消纳市场、送电方向和输电方案，开展投资估算和经济性分析，提出了项目开发投融资模式和政策建议。主要结论如下：

1 —— **以刚果河水电开发为龙头，加快构建非洲能源互联网，实现"电－矿－冶－工－贸"联动发展，对实现非洲可持续发展具有重要意义。**依托丰富的矿产资源和清洁能源资源，非洲正迎来以工业化、城镇化和区域一体化为特征的可持续发展新机遇，对能源电力发展提出了更高要求，特别是矿产冶炼及加工业发展潜力巨大，带动用电量迅速增长，将是目前的数十倍以上。非洲水电资源优势明显，理论蕴藏量高达 4.4 万亿千瓦时 / 年，其中刚果河占比超过一半。依托"电－矿－冶－工－贸"联动发展模式和电网互联互通，加快刚果河等流域水电大规模开发、优化配置和高效利用，将为非洲工业化发展提供安全、经济、清洁、永续的电力保障，为非洲经济发展注入新动力，助力实现"2063 年议程"发展目标。

2 —— **刚果河水能资源丰富，开发潜力巨大，干流下游落差集中，水能最为富集，适宜集中式大规模开发。**刚果河水能资源理论蕴藏量为 2.38 万亿千瓦时 / 年，其中 57% 集中在刚果河干流，左岸、右岸支流分别占 22%、21%。河流落差主要集中在干流下游，金沙萨至入海口河段长度超过 400 千米，天然落差约 280 米，入海口年均流量约 4.1 万立方米 / 秒。河宽收缩，形成了世界罕见的利文斯敦瀑布群，是非洲水能资源最为集中的地段，理论蕴藏量超过 9380 亿千瓦时 / 年。目前刚果河已建成水电装机容量 286 万千瓦，开发程度不足 2%。综合考虑河流地形、水文特性等因素，评估刚果河总技术可开发量约为 1.5 亿千瓦，重点开发刚果河干流上游和下游，左岸支流卢阿拉巴河、开赛河及右岸乌班吉河和桑加河水电。

3 —— **刚果河下游水电按皮奥卡、大英加、马塔迪三个梯级统一规划，协同开发，规划总装机容量约 1.05 亿～1.1 亿千瓦。**综合研究河段地形、水能利用、水库移民及宗戈 Ⅱ 水电站淹没迁移等关键影响因素，通过水电数字化梯级建模和模拟运行分析，对刚果河下游水电梯级方案进行了多方案综合论证，提出了梯级布置方案和电站开发方案。梯级总库容约 130 亿立方米，基本达到日调节性能，总装机容量约 1.05 亿～1.1 亿千瓦，总年均发电量约 6600 亿～6900 亿千瓦时，水量利用率达到 99%。考虑工程建设经济性，应优先开发大英加水电站工程，后续逐次开发上游皮奥卡、下游马塔迪梯级电站。

4   刚果河水电规模巨大，流域内国家本地消纳能力有限，需要统筹规划，扩大消纳市场，在非洲更大范围内优化配置。充分考虑干支流水电开发条件、开发规模和开发时序等因素，综合分析刚果河水电外送市场和送电容量。**干流上游及支流水电**开发规模适中、开发成本较高、与矿区距离较近，电力宜就近消纳，主要满足水电站周边 300~500 千米内刚果（金）、刚果（布）、中非、喀麦隆等国本地用电需要，支撑采矿、农产品加工等工业化发展，满足无电人口通电需求。**干流下游水电**集中式大规模开发，规模经济优势明显，年利用小时数 6200 小时左右，与电解铝、炼钢等工业负荷特性高度匹配，在满足本地以及中部非洲邻近国家 2500 万千瓦用电需求的基础上，更大范围跨区送电西部、南部、东部、北部非洲，跨区外送规模约 8500 万千瓦，保障非洲"电－矿－冶－工－贸"联动发展需要，并可跨洲送电欧洲、西亚。

5   刚果河水电区内通过超高压交直流电网就近送电本地及邻近国家负荷中心，干流下游水电基地跨区通过 11 回超 / 特高压直流通道外送。考虑输电距离、规模及电网互联需要，区内及邻近国家主要通过 765/400 千伏交流电网和超高压直流受电。**刚果河干流上游及卢阿拉巴河水电**主要送电加丹加省等南部经济特区，宜采用 400 千伏输电通道汇集后，接入刚果（金）南部 765 千伏主网架进行疏散；**开赛河及其支流水电**主要定位于满足西开赛省、东开赛省等中部经济特区电力需求，宜采用 220 千伏输电通道直接送电卡南加、基奎特等大型城镇；**桑加河及其支流水电**主要满足刚果（布）北部韦索经济特区和喀麦隆南部用电需求，可围绕肖莱水电站开发，建设刚果（布）—喀麦隆 400 千伏交流输电通道，并利用 110 千伏交流输电通道汇集中小水电；**乌班吉河水电**主要满足刚果（金）北部和中非用电需求，可采取 110 千伏交流汇集后直接送电班吉等大型城镇。**刚果河下游水电**跨区主要采用超 / 特高压直流技术，直接送电非洲其他区域矿产冶炼、加工等大负荷中心。2060 年前建成 11 回超 / 特高压，其中送电西部非洲 5 回、容量 3600 万千瓦，送电南部非洲 2 回、容量 1100 万千瓦，送电东部非洲 2 回、容量 1600 万千瓦，送电北部非洲 2 回、容量 2000 万千瓦。

6   **刚果河下游水电具有显著的电价竞争力。**刚果河下游水电开发及送出工程总投资 2190 亿 ~2460 亿美元，其中电源投资 1400 亿 ~1670 亿美元，占比约 65%，输电线路总投资 790 亿美元，占比约 35%。大英加、皮奥卡、马塔迪水电站上网电价分别为 3~3.5、4.2~5.2、4.8~5.7 美分 / 千瓦时。送电非洲各区域输电价格在 1.3~2.6 美分 / 千瓦时，到网电价比受入国平均电价低 2~5 美分 / 千瓦时。

7 — **加快刚果河水电开发及外送，综合经济、社会和环境效益显著。经济方面**，以清洁和绿色方式满足非洲经济社会发展的能源电力需求，实现能源清洁永续供应；拉动经济增长，有力带动电力、采矿、冶炼、加工、国际贸易等产业发展，打造区域和非洲经济增长新引擎；降低发展成本，下游水电基地到网电价比目标市场低，非洲每年可节约电费超过 200 亿美元；增加创汇，清洁电力的外送消纳将显著扩大电力进出口贸易规模，2050 年实现创汇超过 170 亿美元。**社会方面**，刚果河水电外送将助力消除无电人口，2050 年前非洲将全面解决无电人口用电问题；改善健康，有效降低能源生产和使用带来的污染；带动就业，累计新增超过 1500 万个就业岗位。**环境方面**，减少环境污染，化石能源开发利用规模将大幅下降，在开采、加工、运输、存储、燃烧化石能源等过程中带来的空气、地下水污染、地质和生态破坏将日益减轻；减少温室气体排放，每年可减少二氧化碳排放 5.5 亿吨。

8 — **依托"电－矿－冶－工－贸"联动发展模式，加强各国协同合作，能源、金融企业机构等多元主体共同参与，优化投融资结构，推动项目实施。**依托发输电、矿冶、工业园、贸易等国际化、商业化产业项目集群，借助强有力的法律保障和多边协调机制，以协议方式实现项目联动，提升薄弱环节项目的盈利能力，保障产业链各环节整体顺畅推进，增强项目可融资性，通过综合运用市场化融资方式，满足项目资金需求。发挥各国政府、企业等的积极性，推动多元化主体参与，优化投融资结构，合理利用资本市场金融工具，有效实施项目风险管理，完善项目投融资机制。各方建立和完善保障措施，政府推动优化产业政策，完善投融资政策，持续推进国家间合作；多边机构加强协调构建合作机制，推动建立"照付不议"机制，统一区域投融资规则并丰富政策性金融工具；项目实施主体重视与政府沟通，加强企业间协调联动，做好投资前尽职调查，深入开展经济技术评估等。

参考文献

[1]   刘振亚. 全球能源互联网. 北京：中国电力出版社，2015.

[2]   全球能源互联网发展合作组织. 非洲能源互联网研究与展望. 北京：中国电力出版社，2019.

[3]   张宏明，王洪一. 非洲发展报告（2017—2018）. 北京：社会科学文献出版社，2018.

[4]   商务部国际贸易经济合作研究院等. 对外投资合作国别（地区）指南系列报告，2018.

[5]   联合国. 变革我们的世界：2030 年可持续发展议程. 2015.

[6]   非盟委员会. Agenda 2063: The Africa We Want. 2015.

[7]   非洲开发银行. Africa in 50 Years' Time: the Road Towards Inclusive Growth. 2011.

[8]   联合国经济和社会事务部. World Population Prospect. 2017.

[9]   联合国非洲经济委员会，非盟委员会. Minerals and Africa's Development. 2011.

[10]   非洲能源委员会. Africa Energy Database. 2016.

[11]   国际能源署. Africa Energy Outlook. 2019.

[12]   国际可再生能源署. Africa Energy Resource Potential. 2014.

[13]   非洲开发银行，联合国环境署等. Atlas of Africa Energy Resources. 2018.

[14]   非洲可再生能源倡议. Africa Renewable Energy Initiative: Summary. 2016.

[15]   非洲发展新伙伴计划协调署，非盟委员会，非洲开发银行. PIDA Progress Report. 2018.

[16] 中国水电顾问集团国际工程有限公司. 非洲电力市场规划研究. 北京：中国水利水电出版社，2015.

[17] 国际水电协会. Hydropower Status Report, 2017.

[18] 国际水电协会. Unlocking Hydropower Potential through Power Export, 2019.

[19] 国际能源署. Technology Roadmaps Hydropower. 2012.

[20] 黄强. 水能利用. 北京：中国水利水电出版社，2009.

[21] 张芮，王双银. 水利水能规划——水资源规划及利用. 北京：中国水利水电出版社，2014.

[22] 国际水电大坝期刊. World Atlas & Industry Guide. 2018.

[23] 联合国发展署，刚果民主共和国能源与水利资源部. ATLAS des Energies Renouvelables de la RD Congo. 2016.

[24] 非洲开发基金基础设施部. Study On the Development of Inga Hydropower Site and Associated Power Interconnections. 2006.

[25] 全球能源互联网发展合作组织. 非洲"电－矿－冶－工－贸"联动发展新模式. 2019.

[26] 水电水利规划设计总院. 中国与刚果（金）电力合作规划研究报告. 2018.

[27] 水电水利规划设计总院. 中国与刚果（布）电力合作规划研究报告. 2018.

[28] Kate B. Showers. Beyond Mega on a Mega Continent: Grand Inga on Central Africa's Congo River. 2011.

[29] 中国电力建设集团有限公司. 一带一路国家水电开发现状与发展潜力分析研究. 2017.

[30] Hermann-Josef Wagner, Jyotirmay Mathur. Introduction to Hydro Energy Systems: Basics, Technology and Operation. Berlin: Springer, 2011.

[31] 美国能源部. Hydropower Vision. 2018.

图书在版编目（CIP）数据

刚果河水电开发与外送研究 / 全球能源互联网发展合作组织著 . —北京：中国电力出版社，2020.5
ISBN 978-7-5198-4538-4

Ⅰ.①刚… Ⅱ.①全… Ⅲ.①刚果河－水电资源－资源开发－研究 Ⅳ.① TV213.2

中国版本图书馆 CIP 数据核字（2020）第 050750 号

审图号：GS（2020）1320 号

出版发行：中国电力出版社
地　　址：北京市东城区北京站西街 19 号（邮政编码 100005）
网　　址：http://www.cepp.sgcc.com.cn
责任编辑：周天琦（010-63412243）
责任校对：黄　蓓　朱丽芳
装帧设计：张俊霞
责任印制：钱兴根

印　　刷：北京瑞禾彩色印刷有限公司
版　　次：2020 年 5 月第一版
印　　次：2020 年 5 月北京第一次印刷
开　　本：889 毫米 ×1194 毫米　16 开本
印　　张：7.5
字　　数：146 千字
定　　价：140.00 元